高等学校教材

U0178051

工程制图与三维设计

主　编　徐　进

副主编　石小龙　陆兆纳　龚建春

参　编　孙婷婷　胡　贝　黄爱维

主　审　童秉枢

机械工业出版社

本书引入 NX 软件,将传统工程制图的理论、方法、标准与 NX 软件的三维建模与二维绘图有机结合起来,以汽车零部件作为主要案例对象,帮助读者掌握机械制图中几何体的结构、零件的构形及标准件和常用件的结构,以及如何在 NX 软件中构建对应的三维模型及工程图等知识。本书采用现行的相关国家标准,同时配有《工程制图与三维设计习题集》。

本书可作为本科机械类、汽车类和近机械类专业的工程制图与机械制图课程的教材,也可供高等职业院校相关专业选用,还可作为相关工程技术人员的参考用书。

图书在版编目(CIP)数据

工程制图与三维设计/徐进主编. —北京:机械工业出版社,2021.7
高等学校教材
ISBN 978-7-111-68469-5

Ⅰ.①工… Ⅱ.①徐… Ⅲ.①工程制图 – 高等学校 – 教材 Ⅳ.①TB23

中国版本图书馆 CIP 数据核字(2021)第 114154 号

机械工业出版社(北京市百万庄大街 22 号 邮政编码 100037)
策划编辑:尹法欣 责任编辑:尹法欣 杨启森
责任校对:郑 婕 封面设计:王 旭
责任印制:单爱军
北京虎彩文化传播有限公司印刷
2021 年 8 月第 1 版第 1 次印刷
184mm×260mm·16.5 印张·406 千字
标准书号:ISBN 978-7-111-68469-5
定价:48.00 元

电话服务 网络服务
客服电话:010-88361066 机 工 官 网:www.cmpbook.com
　　　　　010-88379833 机 工 官 博:weibo.com/cmp1952
　　　　　010-68326294 金 书 网:www.golden-book.com
封底无防伪标均为盗版 机工教育服务网:www.cmpedu.com

前　言

随着计算机技术的迅速发展，计算机辅助设计已在汽车行业广泛使用，在缩短设计时间、提高工作效率方面起到了重要的作用，改变了汽车设计人员进行产品设计的手段与方法。现代设计过程形成了新的设计理念，即直接进行三维零部件的结构设计，再在三维图形的基础上生成二维图。为适应汽车行业现代工程设计要求，本书将NX软件引入工程制图中，培养汽车类专业学生的三维表达与二维表达的能力。

本书具有以下特色：

1. 采用现行的机械制图和技术制图国家标准。

2. 章节安排得当，内在逻辑性较强，内容叙述正确。全书篇幅控制得当，内容层次分明。每章内容有教学要点、教学内容和本章小结，便于学生学习，培养学生兴趣。书中内容以识图为基础、制图为辅、绘图为主，为学生今后的学习和工作打下基础。

3. 引入NX软件，将传统工程制图的理论、方法、标准与NX软件的三维建模与二维绘图有机地结合起来，让学生在掌握机械制图中几何体的结构、零件的构形及标准件和常用件等相关知识的基础上，学习在NX软件中构建对应的三维模型。在零件图与装配图的章节中，结合实例讲解二维图的标准及相关知识，以及如何利用三维制图软件进行二维图的生成。

4. 采用以汽车零部件为主的案例教学法，特别是第10章，让学生在学习读图、绘图的同时，能够熟悉汽车零部件的结构形式及表达方式。

5. 学习本书可以实现两个转变：一是从设计思想与方法上实现由二维设计到三维设计的转变；二是在学生训练上实现以尺规绘图为主到以计算机三维建模与二维工程图生成为主的转变。学习本书还可以提高学生的两个能力：一是理论联系实际的能力；二是应用现代CAD技术进行设计与绘图的能力。

本书由盐城工学院徐进任主编，盐城工学院石小龙、南通理工学院陆兆纳和攀枝花学院龚建春任副主编。全书共10章，南通理工学院黄爱维编写第1章和第4章4.1~4.3节，常熟理工学院胡贝编写第2章，徐进编写第3章、第4章4.4~4.6节及小结、第7章和第9章，龚建春编写第5章，石小龙编写第6章、附录，陆兆纳编写第8章，盐城工学院孙婷婷编写第10章。全书由徐进统稿，由中国图学学会原副理事长、清华大学童秉枢教授审稿。衷心感谢童秉枢教授为本书提出了许多专业修改意见，使本书的整体内容得到进一步完善。

为了满足教学需要，本书配有《工程制图与三维设计习题集》供教学使用。由于编者的水平有限，书中难免有不足之处，敬请广大读者批评指正。

编　者

目　录

第 1 章

绪　　论

【教学要点】

1）了解机械设计表达方法的新发展。

2）了解本课程的学习任务。

3）了解本课程的学习方法。

1.1　机械设计表达方法的新发展

传统的机械设计过程是一种从三维思想到二维表达再到三维加工与装配的过程，要求设计人员必须具有较强的三维空间想象能力和二维表达能力。设计人员在进行产品设计时，首先必须在脑海中构造出该零件的三维形体，然后按照三视图的投影规律，用二维工程图将零件的三维形体表达出来，这种设计方式工作量较大，且缺乏直观性。基于过去相关技术的约束，工程图样是进行机械设计表达最为有效的方法。然而，近年来，随着计算机技术的发展，计算机辅助设计得到了广泛的应用，它改变了设计人员进行机械产品设计的手段与方法，并将产品的设计方法引入了一个新阶段。特别是三维 CAD 软件应用的普及，使得传统的机械设计和制造逐步实现了直接进行三维零部件的结构设计，即从三维思想到三维表达的设计过程。这种设计方法具有形象、直观、精确和快速的特点，而且这种设计方法符合人们在进行产品设计时的思维，也是与颜色、材料、形状、尺寸、位置和制造工艺等概念相关联的。同时，随着三维 CAD 软件应用的普及，使得机械设计的表达方法，从以图样为工程信息传递的载体逐步实现了以计算机三维实体建模为基础的计算机辅助设计，进而到计算机辅助制造一体化的无图样加工，由三维 CAD 模型直接生成数控加工指令，中间不再需要图样进行信息的传递。在这种背景下，培养学生机械设计表达能力的工程图学课程内容与体系、教学方法与手段也必须适时地进行改革。

1.2　本课程的学习任务

本课程是研究产品表达规律及方法的一门学科，内容包括创建、绘制、阅读三维与二维技术图样，主要是机械技术图样。绘制图样是将实物或头脑中的三维形体用三维建模技术或根据投影原理采用二维的表达方法表达出来。阅读图样是将二维图样转化为头脑中的三维形体。本课程的学习任务主要有以下几点。

1）培养空间形体表达能力和空间想象能力，逐步提高三维形体构思能力和三维形体创新设计能力，为工程设计奠定基础。

2）学习投影理论和正确的图学思维方法，培养用投影法表达三维形体的能力。

3）培养使用绘图软件进行三维表达与二维表达的能力。

4）培养工程意识，贯彻、执行国家标准。

5）培养自学能力及分析问题、解决问题的能力，以及耐心细致的工作作风和认真负责的工作态度。

通过学习本课程的三维建模、投影理论等相关知识，学生可有效地提高综合素质。

1.3　本课程的学习方法

本课程的特点是既有系统理论又偏重实践。要在学习投影理论和建模技术等基础理论的基础上，通过大量的建模实践、绘图和读图等练习来逐步掌握本课程的知识。在学习本课程的过程中需注意以下几点。

1）要获取知识并能灵活地运用知识，必须经过感觉、知觉、记忆、思维和应用等过程。应结合教学进度，加强对教学过程中使用的模型、零件和部件的感性认识，为提高空间构思设计能力积累形体资料。

2）从概念入手，认真学习投影理论和图学思维方法，打破思维定式，改善思维品质，为今后在学习和工作中能更好地获取知识、运用知识和创造性地解决所遇到的问题打下基础。

3）正确处理投影理论、建模技术与计算机绘图、计算机建模的关系，前者是基础理论，后者是再现理论的手段，二者均应得到重视。

4）空间思维能力和空间想象能力的培养是循序渐进的，因此，在学习过程中必须随时进行从空间形体到平面图形和从平面图形到空间形体的互相联想的思维活动，只有这样才能真正掌握投影理论。

5）通过一定数量的练习才能深入理解、掌握投影理论和图学思维方法。

6）严格遵守国家标准，努力做到正确、规范地设计技术图样，这是进行技术交流和指导、管理生产所必需的。

在学习过程中，学生应有意识地培养自己的工程意识、标准意识，提升自学能力和创新能力，这些是 21 世纪优秀科技人才必须具备的基本素质。

第 2 章

NX 软件基础入门

【教学要点】

1）了解 NX 软件的基本知识。

2）熟悉 NX 软件的界面。

3）熟练掌握 NX 软件中鼠标和键盘的操作。

4）掌握在 NX 软件中打开、保存和关闭文件等操作。

2.1 NX 软件产品概述

2.1.1 NX 软件简介

Siemens NX（下文简称 NX）软件是 Siemens PLM Software 公司开发的集 CAD、CAM、CAE 于一体的软件，在航空航天、汽车和机械等工业领域得到了广泛应用，它是当前工程设计、制图的流行软件之一。NX 软件产品的功能覆盖了整个产品开发过程：从产品概念设计、造型设计、结构设计、性能仿真、工装设计到加工制造。

2.1.2 NX 软件功能模块

NX 软件包含了众多适应不同需求的功能模块。它具有统一的数据库，实现了 CAD、CAM、CAE 等模块之间的无缝数据交换，这使得 NX 软件成为工业界最为尖端的数字化产品开发解决方案应用软件之一。NX 软件功能模块大致可分为 CAD 模块、CAM 模块、CAE 模块和其他专用模块。本节将详细介绍 NX 软件功能模块的相关知识。

1. CAD 模块

下面首先介绍计算机辅助设计（computer aided design，CAD）模块。

（1）NX 软件基本环境模块（NX 软件入口模块） NX 软件基本环境模块是执行其他交互应用模块的先决条件，是打开 NX 软件时进入的第一个应用模块。在操作系统桌面左下角选择【开始】→【所有程序】→Siemens NX→NX 命令，可以打开 NX 软件启动窗口，如图 2-1 所示。

然后即可进入 NX 软件初始模块，如图 2-2 所示。

NX 软件基本环境模块给用户提供了一个交互环境，它允许打开已有部件文件、建立新的部件文件、保存部件文件、选择应用、导入和导出不同类型的文件，以及其他一般功能。该模块还提供强化的视图显示操作、视图布局和图层功能、工作坐标系操控、对象信息和分

图 2-1　NX 软件启动窗口

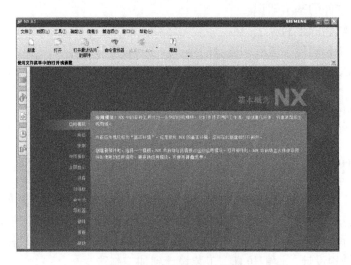

图 2-2　NX 软件初始模块

析，以及访问联机帮助。

（2）零件建模应用模块　零件建模应用模块是其他应用模块实现相应功能的基础。由它建立的几何模型可广泛应用于其他模块。新创建模型时，【模型】模块能够提供一个实体建模的环境，从而使用户快速实现概念设计。用户可以交互式地创建和编辑组合模型、仿真模型和实体模型，可以通过直接编辑实体的尺寸或者通过其他构造方法来编辑和更新实体特征。

【模型】模块为用户提供了多种创建模型的方法，如草图工具、实体特征、特征操作和参数化编辑等。比较好的建模方法是从草图工具开始，在草图工具中，用户可以将自己最初的想法，用概念性的模型轮廓勾勒出来，这样便于抓住创建模型的灵感。一般来说，用户创建模型的方法取决于模型的复杂程度，用户可以选择不同的方法去创建模型。

（3）外观造型设计应用模块　外观造型设计应用模块是为工业设计应用提供的专门设计工具。此模块为工业设计师提供了产品概念设计阶段的设计环境，它主要用于概念设计和工业设计，如汽车开发设计中的早期概念设计等。创建新模型时，可以打开【外观造型设计】模块，它包括用于概念阶段的基本选项，如创建并可视化最初的概念设计，也可以逼真地再现产品造型最初的曲面效果图。【外观造型设计】模块中不仅包含所有建模模块的造型功能，而且包括一些较为专业的、用于创建和分析曲面的工具。

（4）图纸应用模块　图纸应用模块是让用户从在建模应用中创建的三维模型或使用内置的曲线/草图工具创建的二维设计布局来生成工程图纸。【图纸】模块用于创建模型的各种制图，该模型一般是在新建模块时创建。在【图纸】模块中生成制图的最大优点是：创建的图纸都和模型完全相关联。当模型发生变化后，该模型的制图也将随之发生变化。这种关联性使得用户修改或者编辑模型变得更为方便，因为只需要修改模型，并不需要再去修改模型的制图，模型的制图将自动更新。

2. CAM 模块

计算机辅助制造（computer aided manufacturing，CAM）主要包括加工基础、后处理、车削加工、铣削加工、线切割加工和样条轨迹生成等。NX 软件 CAM 应用模块可以让用户获取和重用制造知识，以给 NC 编程任务带来全新层次的自动化；NX 软件 CAM 应用模块中的刀具轨迹和机床运动仿真及验证有助于编程工程师改善 NC 程序质量和机床效率。

3. CAE 模块

计算机辅助工程（computer aided engineering，CAE）模块是进行产品分析的主要模块，包括高级仿真、设计仿真和运动仿真等。

4. 其他专用模块

除了以上介绍的常用模块外，NX 软件还提供了丰富的面向制造行业的专用模块，如钣金设计模块、管线布置模块和工装设计向导等。

2.2　NX 软件工作环境

工作界面是设计者与 NX 软件系统的交流平台，对于初学者，有必要对 NX 软件的工作界面进行了解，在后续进一步学习后，可根据个人的应用情况及习惯，定制适合自己的工作界面。用户启动 NX 软件后，新建或打开一个文件，将进入其工作环境，如图 2-3 所示。从图 2-3 中可以看到其操作界面主要包括标题栏、菜单栏、工具栏、工作区、坐标系、资源条、全屏显示、快捷菜单、提示栏和状态栏等 10 余个部分。本节将详细介绍 NX 软件工作界面的各个部分。

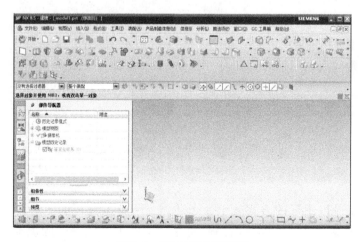

图 2-3　NX 软件工作环境

2.2.1　标题栏

标题栏用来显示软件的版本、进入的功能模块名称和用户当前正在使用的文件名，如图 2-4 所示。标题栏中显示的 NX 软件版本为 NX 8.5，进入的功能模块为【建模】，用户当前使用的文件名为 "model1. prt（修改的）"。

图 2-4　标题栏

标题栏除了可以显示以上信息外，它右侧的三个按钮还可以实现 NX 软件窗口的最小化、最大化和关闭操作。这和标准的 Windows 操作系统窗口相同，对于习惯使用 Windows 操作系统界面的用户来说非常方便。

2.2.2　菜单栏

菜单栏包含软件的主要功能。系统的所有命令或者设置选项都归属在不同的菜单下，它们分别是【文件】、【编辑】、【视图】、【插入】、【格式】、【工具】、【装配】、【产品制造信息】、【信息】、【分析】、【首选项】、【窗口】、【GC 工具箱】和【帮助】菜单。每个主菜单按钮都有下拉菜单，而下拉菜单中的命令选项有可能还包含更深层的下拉菜单（级联菜单），如图 2-5 所示。通过选择这些菜单，用户可以实现 NX 软件的一些基本操作，如选择【文件】菜单，可以在其打开的下拉菜单中选择相应的命令实现对文件的管理操作。

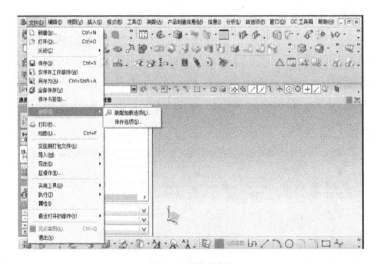

图 2-5　菜单栏

2.2.3　工具栏

工具栏中的命令以图形的方式表示命令功能，所有工具栏的图形命令都可以在菜单栏中找到相应的命令，这样可以使用户避免在菜单栏中查找命令的烦琐，方便操作。如单击【新建】按钮，即可弹出【新建】对话框，用户可以在该对话框中创建一个新的文件。

由于 NX 软件的功能十分强大，提供的工具条也非常多，为了方便管理和使用各种工具条，NX 软件允许用户根据自己的需要，添加当前需要的工具条，隐藏那些不用的工具条，而且工具条可以拖动到窗口的任何位置。这样用户就可以在各种工具条中单击自己需要的按钮来实现各种操作。工具栏如图 2-6 所示。

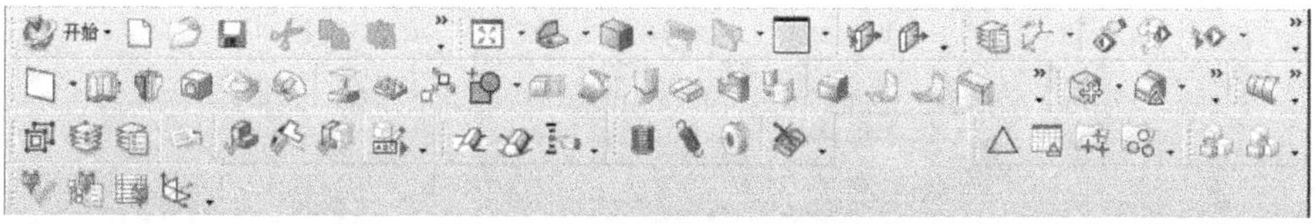

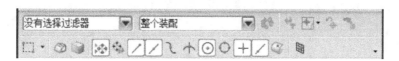

图 2-6　工具栏

2.2.4　绘图区

绘图区以图形的形式显示模型的相关信息，它是用户进行建模、编辑、装配、分析和渲染等操作的区域。绘图区不仅显示模型的形状，还显示模型的位置。模型的位置是通过坐标来确定的。坐标系可以是绝对坐标系，也可以是相对坐标系。

2.2.5　坐标系

NX 软件中的坐标系分为工作坐标系（WCS）和绝对坐标系（ACS），其中工作坐标系是用户建模时直接应用的坐标系，如图 2-7 所示。

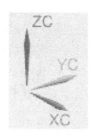

图 2-7　工作坐标系

2.2.6　快捷菜单

快捷菜单在工作区中右击即可打开，其中含有一些常用命令及视图控制命令，以方便绘图工作，如图 2-8 所示。

图 2-8　快捷菜单

2.2.7 资源条

资源条包括装配导航器、部件导航器、主页浏览器、重用库、历史记录和系统材料等。单击导航器或浏览器按钮，系统会弹出对应的页面显示窗口，如单击【重用库】按钮，如图 2-9 所示。

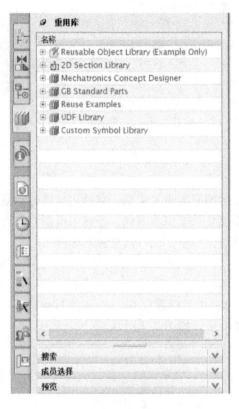

图 2-9 资源条

2.2.8 提示栏

提示栏用来提示用户如何进行操作。执行每个命令时，系统都会在提示栏中显示用户必须执行的下一步操作，如图 2-10 所示。对于用户不熟悉的命令，利用提示栏帮助，一般都可以顺利地完成操作。

选择对象并使用 MB3，或者双击某一对象

图 2-10 提示栏

2.2.9 状态栏

状态栏主要用于显示系统或图元的状态，如显示草图需要的约束，如图 2-11 所示。

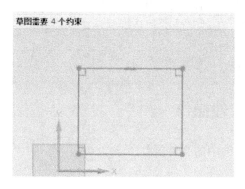

图 2-11　状态栏

2.2.10　全屏按钮

单击窗口右上方的【全屏】按钮 ⬛，可在全屏显示和标准显示之间切换。

2.3　NX 软件中的鼠标和键盘操作

鼠标和键盘是用户在使用 NX 软件过程中最常用到的工具，也是 NX 软件的通用工具，因此，用户掌握这些基本操作工具的含义及其操作方法是十分必要的。本节将详细介绍鼠标和键盘操作的知识。

2.3.1　鼠标的操作

鼠标操作是 NX 软件基本操作中最为常见，也最为重要的操作，用户大部分的操作都是通过鼠标完成的。下面将详细介绍鼠标的一些操作方法。

单击鼠标左键：可以通过对话框中的菜单或选项来选择命令或选项，也可以单击对象在图形窗口中选择对象。

＜Shift＞键 + 单击鼠标左键：选择列表框中的多个连续项。

＜Ctrl＞键 + 单击鼠标左键：选择或取消选择列表框中的多个非连续项。

双击鼠标左键：对某个对象启动默认操作。

单击鼠标中键：循环完成某个命令中的所有必需步骤，然后单击【确定】按钮。

＜Alt＞键 + 单击鼠标中键：取消对话框。

单击鼠标右键：显示特定对象的快捷菜单。

＜Ctrl＞键 + 单击鼠标右键：右击图形窗口中的任意位置，系统弹出视图菜单。

2.3.2　键盘的操作

键盘操作也是 NX 软件基本操作中最为常见的一种操作，用户可以通过键盘和鼠标完成 NX 的大部分操作。下面将详细介绍一些键盘的操作方法。

＜Home＞键：在正三轴测视图中定向几何体。

＜End＞键：在正等测图中定向几何体。

< Ctrl + F >快捷键：使几何体的显示适合图形窗口。

< Alt + Enter >快捷键：在标准显示和全屏显示之间切换。

< F1 >键：查看关联的帮助。

< F4 >键：查看信息窗口。

2.4 NX 软件中的文件操作

本节将详细介绍 NX 软件中的文件操作。

2.4.1 新建文件

1）双击启动 NX 软件，选择【文件】→【新建】菜单项，如图 2-12 所示。

2）在系统弹出的【新建】对话框里选择【模型】选项卡，在【模板】选项栏中选择模板类型，如选择【模型】，在【名称】文本框中输入文件名称，单击【文件夹】文本框后的按钮设置文件存放路径，最后单击【确定】按钮。新建文件界面如图 2-13 所示。

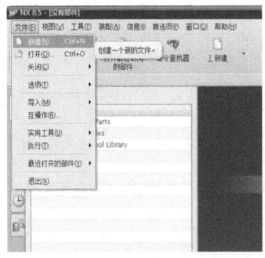

图 2-12 新建文件   图 2-13 新建文件界面

3）通过上述操作即可完成新建文件的操作。

2.4.2 保存文件

保存文件包括"保存"和"另存为"两种，下面将详细介绍保存文件的操作方法。

1. 保存

在 NX 软件中，选择【文件】→【保存】菜单项，即可保存文件，如图 2-14 所示。

2. 另存为

另存为可以利用不同的文件名存储一个已有的部件文件作为备份，下面将详细介绍另存为的操作方法。

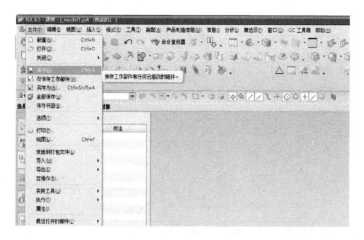

图 2-14　保存界面

在 NX 软件中，选择【文件】→【另存为】菜单项，系统会弹出【另存为】对话框。设置准备存储的位置、文件名及保存类型，单击【OK】按钮即可完成另存为的操作，如图 2-15 所示。

图 2-15　另存为界面

2.4.3　打开文件

打开一个部件文件，一般可以采用如下方法。在 NX 软件中，选择【文件】→【打开】菜单项。系统会弹出【打开】对话框，在【查找范围】下拉列表框中选择需要打开文件所在的目录，选中需要打开的文件，单击【OK】按钮即可完成打开一个文件的操作，如图 2-16 所示。

2.4.4　关闭部件和退出

NX 软件最后的操作就是关闭部件和退出 NX 软件了，下面将分别给以详细介绍。

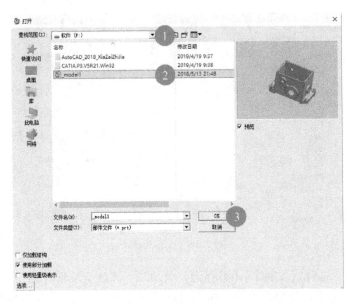

图 2-16　打开文件

1. 关闭选择的部件

在菜单栏中选择【文件】→【关闭】→【选定的部件】菜单项。然后系统会弹出【关闭部件】对话框。通过此对话框可以关闭选择的一个或多个部件文件，也可以通过单击【关闭所有打开的部件】按钮，关闭系统当前打开的所有部件。需要注意的是使用此方式关闭部件文件时不存储部件，它仅从工作站的内存中清除部件文件，如图 2-17 所示。

选择【文件】→【关闭】菜单项后，系统会弹出【关闭】子菜单，其主要的命令如下。

【所有部件】：关闭当前所有的部件。

【保存并关闭】：以当前名称和位置保存并关闭当前显示的部件。

【另存并关闭】：以不同的名称和（或）不同的位置保存当前显示的部件。

【全部保存并关闭】：以当前名称和位置保存并关闭所有打开的部件。

【全部保存并退出】：保存所有修改过的已打开部件（不包括部分加载的部件），然后退出 NX 软件。

图 2-17　关闭部件

2. 退出 NX 软件

在菜单栏中选择【文件】→【退出】菜单项，如图 2-18 所示。如果部件文件已被修改，系统就会弹出【退出】对话框，如图 2-19 所示，单击【是，保存并退出（Y）】按钮，即可完成退出 NX 软件的操作。

图 2-18 退出菜单栏 图 2-19 退出对话框

本 章 小 结

本章主要介绍了 NX 软件的基本功能及操作方法。NX 软件作为集 CAD、CAM、CAE 于一体的软件系统，广泛应用于不同的行业，为用户节省了大量的工作时间，使二维/三维操作变得越发便捷。

1）介绍了 NX 软件界面的不同模块的不同的作用。

2）详细介绍了 NX 软件的工作环境及功能，主要包括标题栏、菜单栏、工具栏、工作区、坐标系和快捷菜单等部分。

3）简单地演示了鼠标和键盘的部分操作方式。

4）演示了文件的操作，包括打开、保存和关闭文件。

第3章

几何体的结构分析与建模

【教学要点】

1）了解几何体的分类。
2）掌握基本体的构形分析与建模。
3）掌握组合体的构形分析与建模。

3.1 几何体的分类

按照几何体构成的复杂程度，可把几何体分为基本体（简单几何体）和组合体（复杂几何体）。在本书中，习惯把单一的几何体或经一次完整的构形操作所得到的实体称为基本体。如图 3-1 所示，棱锥、棱柱、圆柱、圆锥和圆球是单一的几何体，而广义柱体、广义回转体、扫掠体和放样体都可以经一次完整的构形操作所得到。

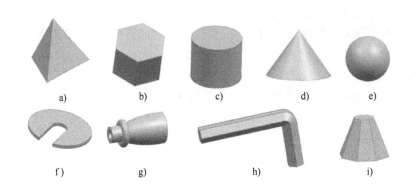

图 3-1 基本体

a）棱锥 b）棱柱 c）圆柱 d）圆锥 e）圆球
f）广义柱体 g）广义回转体 h）扫掠体 i）放样体

由若干个基本体按照一定的相对位置和组合方式有机组合而形成的较为复杂的形体称为组合体，图 3-2a 所示的支架即为组合体。图 3-2b 所示为支架分解图，这种将组合体分解成由若干基本体组成的方法，称为形体分析法。

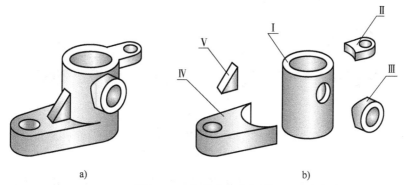

a)   b)

图 3-2　支架及支架分解图

a）支架　b）支架分解图

3.2　基本体的构形分析与建模

3.2.1　基本体的构形分析

按照基本体表面的几何形状不同，可分为平面立体和曲面立体两大类。表面全部为平面的立体称为平面立体，如棱柱、棱锥等，如图 3-3 所示。表面由曲面或由曲面和平面组成的立体称为曲面立体，如圆柱、圆锥、球和圆环等，如图 3-4 所示。

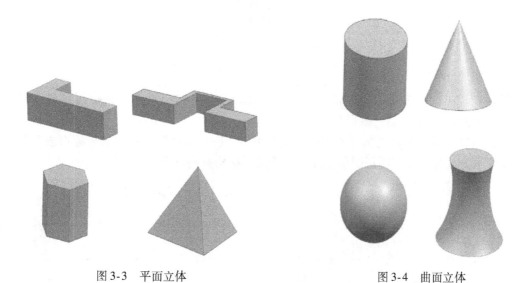

图 3-3　平面立体　　　　　　　　　图 3-4　曲面立体

依据现代三维设计理念，基本体都是利用扫描法构成的。扫描法是指将一截面线串沿着某一条轨迹线移动，移动的结果即所扫掠过的区域可以构成实体或片体。该截面线串又称为特征图形，它可以是曲线，也可以是曲面。根据移动的轨迹线的不同，基本体的构成方式可以分成以下几种。

（1）拉伸方式　拉伸是指将某平面特征图形（可以是一个或多个任意封闭平面图形）

沿该平面的法线方向拉伸而形成几何体。拉伸体及其特征图形如图 3-5 所示。

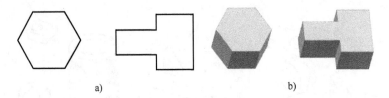

图 3-5 拉伸体及其特征图

a）拉伸体的特征图形 b）拉伸体

（2）旋转方式 旋转是指以某平面特征图形作为母线（仅为一封闭平面图形），绕轴线旋转而形成几何体。旋转体及其特征图形如图 3-6 所示。旋转方式适用于构造旋转类立体（包括广义回转体、圆柱、圆锥和圆球等）。

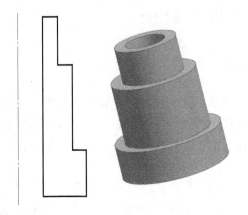

图 3-6 旋转体及其特征图

（3）扫掠方式 扫掠是指将某一平面截面线串沿任一连续轨迹线扫掠而形成几何体。图 3-7 所示为扫掠体及其特征图形。

（4）放样方式 放样是指在不同的平面上由多个已定义的截面线串拟合而形成几何体。图 3-8 所示为放样体及其特征图形。放样方式适用于构造棱锥类立体。

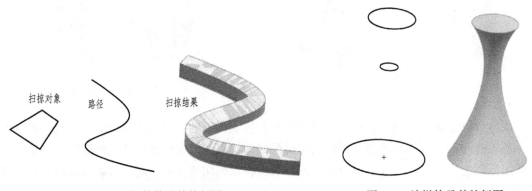

图 3-7 扫掠体及其特征图   图 3-8 放样体及其特征图

3.2.2 体素特征

体素特征是基本的几何解析形状，包括长方体、圆柱体、圆锥和球等，其常作为零件模型的第一个特征（基础特征）使用，然后在基础特征上通过添加新的特征以得到所需的模型，因此体素特征对零件的设计而言是最基本的特征。本节将详细介绍体素特征的相关知识及操作方法。

1. 长方体

在菜单栏中选择【插入】→【设计特征】→【长方体】菜单项，系统即可弹出【块】对话框，如图 3-9 所示。

【块】对话框中主要包括【类型】、【原点】、【尺寸】、【布尔】和【设置】等选项组。下面将分别给以详细介绍。

（1）【类型】 指长方体特征的创建类型，有【原点和边长】、【两点和高度】及【两个对角点】方式，如图 3-10 所示。

图 3-9 【块】对话框

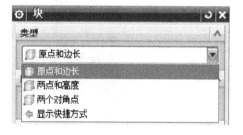

图 3-10 块的类型

（2）【原点】 允许使用捕捉点选项定义块的原点。

1）单击【自动判断的点】按钮，从系统弹出的【原点类型】下拉列表框中选择一种点类型，然后选择该类型支持的对象。

2）单击【点对话框】按钮，弹出【点】对话框。

（3）【尺寸】 长方体体素的参考包括长度、宽度和高度。

（4）【布尔】 布尔操作可以将原先存在的多个独立实体进行运算，以产生新的实体。

（5）【关联原点和偏置】 选中此复选框，使块原点和任何偏置点与定位几何体相关联。

2. 圆柱体

在菜单栏中选择【插入】→【设计特征】→【圆柱体】菜单项，系统即可弹出【圆柱】对话框，如图 3-11 所示。

【圆柱】对话框中的【类型】下拉列表框中显示了创建圆柱体有两种方式：【轴、直径

图 3-11 【圆柱】对话框

和高度】及【圆弧和高度】，分别如图 3-12a、b 所示。

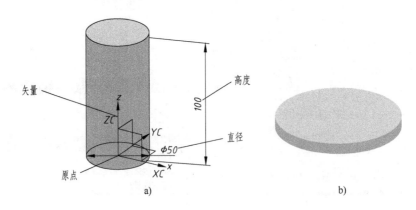

a)   b)

图 3-12 创建圆柱体的两种方式

3. 圆锥体

在菜单栏中选择【插入】→【设计特征】→【圆锥体】菜单项，系统即可弹出【圆锥】对话框，如图 3-13 所示。【圆锥】对话框中的【类型】下拉列表框包括 5 个选项，分别表示 5 种创建方式，如图 3-14 所示。

在【圆锥】对话框中选择不同的【类型】选项，按提示输入参数即可创建圆锥或圆台。当顶部直径为非零的正数时，创建的实体为圆台。【类型】涉及的参数含义如图 3-15 所示。

4. 球

在菜单栏中选择【插入】→【设计特征】→【球】菜单项，系统即可弹出【球】对话框，如图 3-16 所示。【球】对话框比较简单，包括两种类型方式，即【中心点和直径】及【圆弧】。【中心点和直径】方式要求输入直径值、选择中心点，【圆弧】方式要求选择已有的圆弧曲线，如图 3-17 所示。

图 3-13 【圆锥】对话框

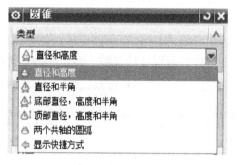

图 3-14 【圆锥】的 5 种创建方式

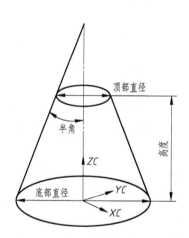

图 3-15 圆锥参数含义

图 3-16 【球】对话框

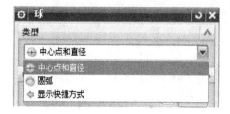

图 3-17 【球】的两种类型方式

3.2.3 草图

二维草图的设计是创建许多特征的基础，例如，在创建拉伸、回转和扫掠特征时，都需要先绘制所建特征截面形状，其中扫描特征还需要通过绘制草图以定义扫掠轨迹。本节将详细介绍二维草图相关知识。

1. 进入与退出草图环境

要进行二维草图设计，首先需要了解和掌握进入与退出草图环境的操作方法。下面将详细介绍其操作方法。

选择【插入】→【在任务环境中绘制草图】菜单项，如图 3-18 所示。系统弹出【创建草图】对话框，分别选择草图平面、草图方向及草图原点，最后单击【确定】按钮，如图 3-19 所示。

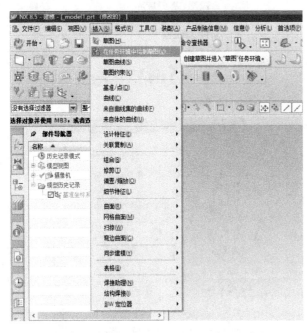

图 3-18 【在任务环境中绘制草图】菜单项　　　　　图 3-19 【创建草图】对话框

选择准备绘制草图的工具，在工作平面中绘制草图。绘制完成后，单击【完成草图】按钮即可退出草图环境，完成绘制草图，如图 3-20 所示。

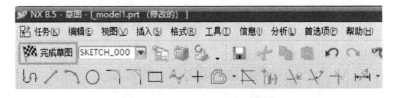

图 3-20 【完成草图】按钮

2. 草图曲线

进入草图环境后，屏幕上会出现绘制草图时所需要的【草图工具】工具条，如图 3-21 所示。

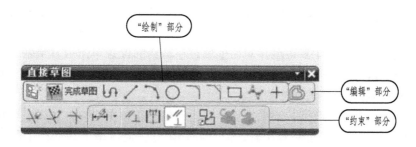

图 3-21 【草图工具】工具条

【草图工具】工具条中的按钮根据功能可分为三大部分："绘制"部分、"约束"部分和"编辑"部分。

（1）【轮廓】 绘制轮廓线的执行方式为：选择菜单栏中的【插入】→【草图曲线】→【轮廓】菜单项，系统即可弹出如图 3-22 所示的【轮廓】对话框，在适当的位置单击或直接输入坐标确定直线的第一点，然后移动光标在适当位置单击或直接输入坐标即可完成第一条直线的绘制。

图 3-22 【轮廓】对话框

1）对象类型。

【直线】按钮：在绘图区中选择两点绘制直线。

【圆弧】按钮：在绘图区中选择一点，输入半径，然后再在绘图区中选择另一点，或者根据相应约束和扫描角度绘制圆弧。当从直线连接圆弧时，将创建一个两点圆弧。如果在线串模式下绘制的第一个点是圆弧，则可以创建一个三点圆弧。

2）输入模式。

【坐标模式】：使用 x 和 y 坐标值创建曲线点。

【参数模式】：使用与直线或圆弧曲线类型对应的参数创建曲线点。

（2）【直线】 绘制直线的执行方式为：选择菜单栏中的【插入】→【草图曲线】→【直线】菜单项。在适当的位置单击或直接输入坐标，确定直线的第一点，移动光标在适当位置单击或直接输入坐标完成第一条直线的绘制，然后即可重复上面的步骤绘制其他直线。

（3）【圆】 打开【圆】对话框后，在适当的位置单击或直接输入坐标确定圆心，然后输入直径或移动光标到适当的位置，即可完成绘制。

（4）【圆弧】 打开【圆弧】对话框后，在适当的位置单击或直接输入坐标确定圆弧的第一点，然后在适当的位置单击确定圆弧的第二点，最后在适当的位置单击确定圆弧的第三点，即可创建圆弧曲线。

（5）【矩形】 使用此对话框可以通过三种方式创建矩形：

1）2 点创建矩形。

2）3 点创建矩形。

3）从中心创建矩形。

（6）【圆角】 打开【圆角】对话框后，选择要创建圆角的曲线，然后移动光标确定圆角的大小和位置，也可以输入半径值，最后单击鼠标左键创建圆角。

（7）【倒斜角】 打开【倒斜角】对话框后，选择倒斜角的横截面方式，接着选择要创建倒斜角的曲线，或选择交点，然后移动光标确定倒斜角的位置，也可以直接输入参数，最后单击鼠标左键创建倒斜角。

（8）【多边形】 打开【多边形】对话框后，在适当的位置单击或直接输入坐标确定多边形的中心，接着输入多边形的边数，然后选择创建多边形的方式，并设置相应的参数，最后单击鼠标左键即可完成多边形的创建。

（9）【椭圆】 打开【椭圆】对话框后，在适当的位置单击或直接输入坐标确定椭圆的中心，然后确定椭圆的长半轴和短半轴，以及旋转角度，最后单击对话框中的【确定】按钮，即可完成椭圆的创建。

（10）【艺术样条】 打开【艺术样条】对话框后，在【类型】下拉列表框中选择创建艺术样条的类型，接着选择现有的点或者在适当的位置创建点，然后设置相关参数，最后单击【确定】按钮即可完成艺术样条的创建。

（11）【二次曲线】 打开【二次曲线】对话框后，首先定义三个点，然后输入用户所需的 Rho 值（Rho 值指曲线饱满值，其值越小曲线越平坦），最后单击【确定】按钮即可完成绘制二次曲线。

3. 草图编辑

（1）【快速延伸】 【快速延伸】命令可以将曲线延伸至它与另一条曲线的实际交点或虚拟交点。此命令的执行方式为：单击【草图工具】工具栏中的【快速延伸】按钮，系统即可弹出如图 3-23 所示的【快速延伸】对话框。

图 3-23 【快速延伸】对话框

打开【快速延伸】对话框后，在单条曲线上延伸曲线，或者移动光标划过曲线，划过的曲线都将被延伸，单击【关闭】按钮，即可完成快速延伸的操作。

1）【边界曲线】：选择位于当前草图中或者出现在该草图前面的任何曲线、边和基本平面等。

2）【要延伸的曲线】：选择要延伸的曲线。

3）【延伸至延伸线】：指定是否延伸到边界曲线的虚拟延伸线。

（2）【制作拐角】 【制作拐角】命令是通过两条曲线延伸或修剪到公共交点来创建拐角的。此命令应用于直线、圆弧、开放式二次曲线和开放式样条等，其中开放式样条仅限修剪。

（3）【快速修剪】 【快速修剪】可以将曲线修剪至任何方向最近的实际交点或虚拟交点。打开【快速修剪】对话框后，在单条曲线上修剪多余部分，或者移动光标划过曲线，划过的曲线都会被修剪，单击【关闭】按钮，即可完成修剪操作。

4. 草图约束

完成草图设计后，轮廓曲线就基本上勾画出来了，但是这样绘制出来的轮廓曲线还不够精确，不能准确表达设计者的设计意图，因此还需要对草图对象施加草图约束。

草图约束主要包括几何约束和尺寸约束两种类型。几何约束是用来定位草图对象和确定草图对象之间的相互关系，而尺寸约束是用来驱动、限制和约束草图几何对象的大小和形状的。

进入草图环境后，系统窗口上会出现绘制草图时所需要的【草图工具】工具条，其中的约束部分，如图3-24所示。

（1）尺寸约束　尺寸约束内容如下：

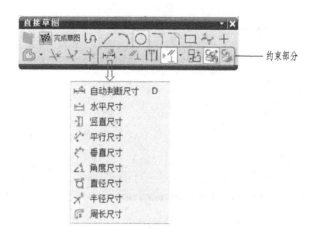

图 3-24　约束部分

【自动判断尺寸】：通过基于选定的对象和光标的位置自动判断尺寸类型来创建尺寸约束。

【水平尺寸】：对所选对象进行水平尺寸约束。

【竖直尺寸】：对所选对象进行竖直尺寸约束。

【平行尺寸】：对所选对象进行平行于指定对象的尺寸约束。

【垂直尺寸】：对所选的点到直线的垂直距离进行垂直尺寸约束。

【角度尺寸】：对所选的两条直线进行角度尺寸约束。

【直径尺寸】：对所选的圆进行直径尺寸约束。

【半径尺寸】：对所选的圆进行半径尺寸约束。

【周长尺寸】：对所选的多个对象进行周长尺寸约束。

【约束】：用户自己对存在的草图对象指定约束类型。

【设为对称】：将两个点或曲线设置为相对于草图上的对称线对称约束。

【显示草图约束】：显示施加到草图上的所有几何约束。

【自动约束】：用于自动添加约束。

【自动标注尺寸】：根据设置的规则在曲线上自动创建尺寸。

【显示/移除约束】：显示与选定的草图几何图形关联的几何约束，并移除所有这些约束或列出信息。

【转换至/自参考对象】：将草图曲线或草图尺寸从活动转换为参考，或者反过来。下游命令（如拉伸）不使用参考曲线，并且参考尺寸不控制草图几何体。

【备选解】：备选尺寸或几何约束解算方案。

【自动判断约束和尺寸】：控制哪些约束或尺寸在曲线构造过程中被自动判断。

【创建自动判断约束】：在曲线构造过程中启用自动判断约束。

【连续自动标注尺寸】：在曲线构造过程中启用自动标注尺寸。

（2）几何约束　几何约束可以指定草图对象必须遵守一定的条件，或草图对象之间必须维持的关系。在【草图工具】工具条中单击【约束】按钮，系统即可弹出【几何约束】对话框，如图3-25所示。

根据所选对象的几何关系，在几何约束类型中选择一个或多个约束类型，则系统会添加指定类型的几何约束到所选草图对象上。这些草图对象会因所添加的约束而不能随意移动或旋转。图3-26所示为创建相切约束的一般操作流程。

图 3-25 【几何约束】对话框

图 3-26 创建相切约束
a）约束前 b）约束后

3.2.4 扫描法构建基本体

扫描特征（swept feature）是构成零件毛坯的基础。它包括截面线串沿指定方向拉伸扫描、绕指定轴旋转扫描、沿指定引导线串扫描，以及指定内外直径沿指定引导线串扫描。

用于扫描的截面线串可以是曲线、曲线链、草图、实体边缘、实体表面和片体。扫描特征是相关和参数化的特征，它与截面线串、拉伸方向、旋转轴及引导线串、修剪表面/基准面相关联。

1. 拉伸

拉伸是通过截面线圈沿指定方向拉伸一段距离来创建实体。在菜单栏中选择【插入】→【设计特征】→【拉伸】菜单项，系统即可弹出【拉伸】对话框，如图3-27所示。

下面将详细介绍【拉伸】对话框中的选项。

（1）截面

【绘制截面】：单击此按钮可以进入草图环境绘制草图截面来作为截面线串。

【曲线】：选择要拉伸的截面线串。

（2）方向

【反向】：单击此按钮能够对选择好的矢量方向进行反向操作。

【矢量】：单击此按钮可以打开【矢量】对话框，进行相关设置。

【面/平面法向】：单击此按钮，可以确定拉伸方向。

（3）【限制】 此选项组用于确定拉伸的开始值和终

图 3-27 【拉伸】对话框

点值。

（4）【布尔】 此选项组用于实现拉伸扫描所创建的实体与原有实体的布尔运算。

（5）【拔模】 运用它可以在拉伸扫描时拔模，其下拉列表框中包含 6 种拔模类型。

【从起始限制】：允许用户从起始点至结束点创建拔模。

【从截面】：允许用户从起始点至结束点创建的锥角与截面对齐。

【从截面—不对称角】：允许用户沿截面分别至起始点和结束点创建的不对称锥角。

【从截面—对称角】：允许用户沿截面分别至起始点和结束点创建的对称锥角。

【从截面匹配的终止处】：允许用户沿轮廓线至起始点和结束点创建的锥角，在终止处的锥面保持一致。

（6）【预览】 选中此复选框后可以在拉伸扫描过程中进行预览。

2. 回转

回转体是指截面线串绕一轴线旋转一定角度所形成的特征体。在菜单栏中选择【插入】→【设计特征】→【回转】菜单项，系统即可弹出【回转】对话框，如图 3-28 所示。

此对话框与【拉伸】对话框相似，功能也类似，唯一不同的是它没有【拔模】和【方向】选项组，而变为【轴】选项组，并多了【指定点】选项。

3. 扫掠

扫掠是用规定的方法沿一条空间的路径移动一条曲线而产生实体。移动的曲线称为截面线串，其路径称为引导线串。在菜单栏中选择【插入】→【扫掠】→【沿引导线扫掠】菜单项，系统弹出【沿引导线扫掠】对话框，如图 3-29 所示。

图 3-28 【回转】对话框

图 3-29 【沿引导线扫掠】对话框

3.3   组合体的构形分析与建模

3.3.1   组合体的组合方式

从立体构成的角度看，组合体都可以看成由一些基本体所组成，即基本体是构成组合体的最小单元。组合体中各基本体间的组合方式有三种：叠加（形体加运算）、切割（形体减运算）和交割（形体交运算）。图 3-30 所示为相对位置和尺寸大小不变的圆柱与长方体分别进行形体加、减和交运算的结果。

由图 3-30 可以看出，叠加组合体是由若干个基本体叠合而成的，叠加是在已有的目标体中新增部分材料（填料方式）；切割组合体是从已有的目标体中去

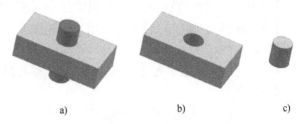

图 3-30   相同的圆柱与长方体进行形体
加、减、交运算的对比
a）加运算   b）减运算   c）交运算

除若干个基本体而形成的，切割是在已有的目标体中去除部分材料（除料方式）；交割组合体是若干立体的公共部分的实体（求交方式）。切割组合体和交割组合体在空间应相交。

3.3.2   组合体的构成分析

把零件分解成若干简单体的方法，称为形体分析法。可以通过 CSG（construetive solid geometry）三维复杂体构形表示法来直观地加以描述。CSG 是实体造型方法中的一个术语，表示法实质上是利用正则集合运算，即运用并（∪）、交（∩）、差（\）运算方式，将复杂体定义为简单体的合成。它是计算机实体造型中的一种构形方法。

组合体的 CSG 表示法，是用一棵有序的二叉树来表示的（二叉树是一棵由两个树杈构成的树状结构，包含树枝、树根），二叉树的叶结点（或终结点）是体素，根结点为复杂体，其余结点都是规范化布尔运算（并、交、差）运算符号，如图 3-31 所示。图 3-31 表示的是运用并（∪）和差（\）运算得到的模型和反映零件构成的 CSG 树表示法；CSG 表示法表示的是构建复杂体的一种过程模型。

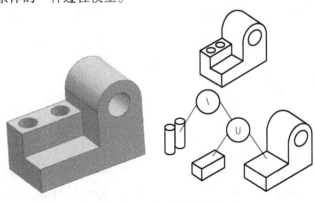

图 3-31   CSG 树表示法

CSG 树表示法能形象地描述组合体构形的整个思维过程，对分析、构建模型很有帮助。

通过以上分析可知，要构建一个组合体，拆分是关键。但是针对同一组合体可以存在几种不同的分法，以分解为构成的简单体数量最少、最能反映立体特征为最佳。图 3-32 反映了针对同一组合体所能采取的不同分解方案。

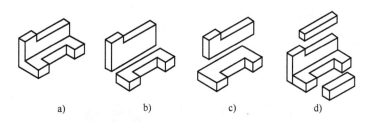

图 3-32　组合体的不同分解方案

a）原型　b）分解方案 1　c）分解方案 2　d）分解方案 3

3.3.3　组合体相邻表面间的关系及结构特点

组合体各组成形体的表面之间的关系可分为四种：相错、共面、相切和相交。

1. 相错

当两形体的表面相错，不共面时，在形体连接处有分界线，如图 3-33 所示。

2. 共面

当两形体的表面互相平齐，连接成一个平面时，在形体连接处无分界线，如图 3-34 所示。

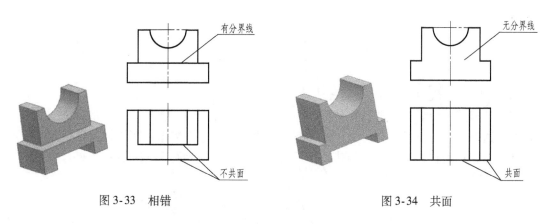

图 3-33　相错　　　　　　　　　　　　　图 3-34　共面

3. 相切

当两形体的表面相切时，由于两个表面在相切处光滑过渡，没有交线，所以在相切处不应画出切线，如图 3-35 所示。

4. 相交

当两形体的表面相交时，必然产生交线，这条交线是两形体表面的分界线。画图时，应按投影关系画出交线的投影，如图 3-36 所示。

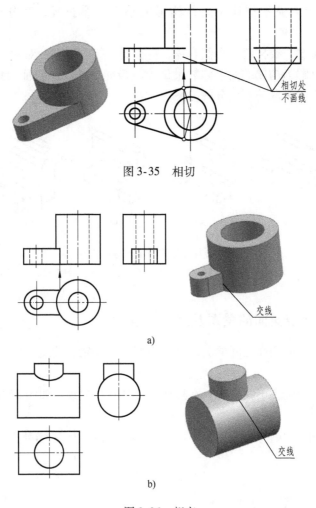

图 3-35　相切

图 3-36　相交
a）交线为截交线　b）交线为相贯线

[**例1-1**]　完成图 3-37a 所示组合体的建模。

解：通过形体分析，根据其构成特点，可将该组合体分解为图 3-37b 所示的三个基本体，并且这三个简单体都具有广义柱体的特性。因此，这三个简单体可以通过图 3-37c 所示的特征平面，运用拉伸运算方式构建，最后将三者相互叠加为图 3-37a 所示的组合体。

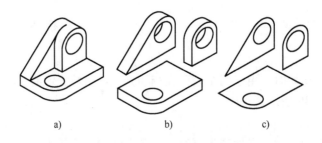

a)　　　　　　　　　b)　　　　　　　　　c)

图 3-37　复杂体的建模
a）原型　b）分解　c）特征平面

其组合体 CSG 树表示法如图 3-38 所示。

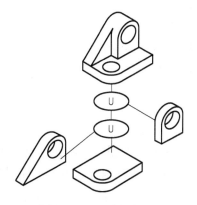

图 3-38　CSG 树表示法

[**例 1-2**]　完成图 3-39a 所示组合体的建模。

解：通过形体分析，很明显可以将该组合体初步分解为图 3-39b 所示两个基本体，这两个基本体分别通过图 3-39c 所示特征平面通过拉伸运算方式构建广义柱体。要达到最终结果，还必须在图 3-39b 所示件 a 上挖切掉一半圆柱体，如图 3-39d 所示，最后，经相互叠加得到该组合体。

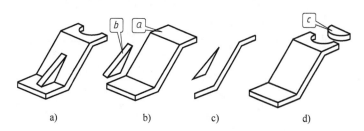

图 3-39　组合体的建模
a）原型　b）分解　c）特征平面　d）分解

组合体 CSG 树两种表示法如图 3-40 所示。

上文论述了组合体建模的基本方法。但是在组合体建模的实际操作过程中，应先建立主体件，主体件为构成该组合体的最基本的实体特征（也称简单特征几何体）；再建立依附件，依附件顾名思义为依靠主体件才能确立其位置的部分，即为除主体件外，从组合体分解下来的部分。依附件的确立一般是通过利用填料或除料方式，在主体件上生成的。因此创建组合体的具体操作步骤如下：

1）分析特征几何体构形特点，确定主

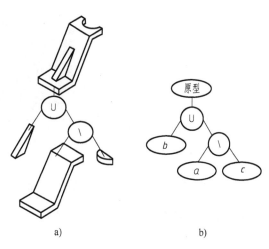

图 3-40　CSG 树表示法
a）方法一：形体表示法　b）方法二：符号表示法

体件、依附件。

2）画出 CSG 树，确定创建步骤。

3）根据主体件构形特点，选择特征运算方式，创建主体件。

4）根据依附件与主体件的相互位置关系，确定以填料还是以除料方式创建依附件。

5）最后完成复杂特征几何体的创建。

3.3.4 组合体的建模

1. 基准特征

基准特征可以作为创建其他特征（如圆柱、圆锥、球及回转的实体等）的辅助工具。基准特征包括基准平面、基准轴和基准坐标系等，本节将详细介绍基准特征的相关知识及操作方法。

（1）基准平面 在 NX 软件中，选择【插入】→【基准/点】→【基准平面】菜单项，系统即可弹出【基准平面】对话框，在【类型】下拉列表框中选择【成一角度】选项，选取上平面为参考平面，如图 3-41a 所示。选取与平面平行的一边为通过轴，如图 3-41b 所示。在对话框中的【角度】文本框中输入角度值 60，然后单击【确定】按钮。通过上述操作即可完成创建基准平面的操作，如图 3-41c 所示。

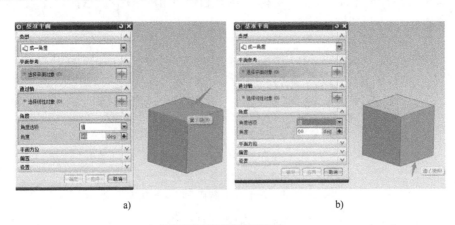

a)   b)

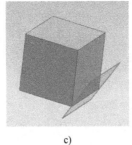

c)

图 3-41　创建基准平面的操作

下面将详细介绍图 3-42 所示的【基准平面】对话框的【类型】下拉列表框中各选项的功能。

【自动判断】：通过选择的对象自动判断约束条件。例如，选取一个表面或基准平面时，系统自动生成一个预览基准平面，可以输入偏置值和数量来创建基准平面。

【按某一距离】：通过输入偏置值创建与已知平面（基准平面或零件表面）平行的基准平面。

【成一角度】：通过输入角度值创建与已知平面成一角度的基准平面。先选择一个平面或基准平面，然后选择一个与所选面平行的线性曲线或基准轴，以定义旋转轴。

【二等分】：创建与两平行平面距离相等的基准平面，或创建与两相交平面所成角度相等的基准平面。

【曲线和点】：用此方法创建基准平面时，先指定一个点，然后指定第二个点或者一条直线、线性曲线、基准轴和面等。如果选择直线、基准轴、线性曲线或特征的边缘作为第二个对象，则基准平面同时通过这两个对象；如果选择一般平面或基准平面作为第二个对象，则

图 3-42　基准平面的类型

基准平面通过第一个点，但与第二个对象平行；如果选择两个点，则基准平面通过第一个点并垂直于这两个点所定义的方向；如果选择三个点，则基准平面通过这三个点。

【两直线】：通过选择两条现有直线，或直线与线性曲线、面的法向向量、基准轴的组合，创建的基准平面包含第一条直线且平行于第二条直线。

【相切】：创建一个与任意非平的表面相切的基准平面，还可选择与第二个选定对象相切。选择曲面后，系统显示与其相切的基准平面的预览，可接受预览的基准平面，或选择第二个对象。

【通过对象】：根据选定的对象平面创建基准平面，对象包括曲线、边缘、面、基准、平面、圆柱、圆锥或回转面的轴、基准坐标系、球面和回转曲面。如果选择圆锥面或圆柱面，则在该面的轴线上创建基准平面。

【点和方向】：通过定义一个点和一个方向来创建基准平面。

【曲线上】：创建一个与曲线垂直或相切且通过已知点的基准平面。

【YC-ZC 平面】：沿工作坐标系（WCS）或绝对坐标系（ACS）的 YC-ZC 轴创建一个固定的基准平面。

【XC-ZC 平面】：沿工作坐标系（WCS）或绝对坐标系（ACS）的 XC-ZC 轴创建一个固定的基准平面。

【XC-YC 平面】：沿工作坐标系（WCS）或绝对坐标系（ACS）的 XC-YC 轴创建一个固定的基准平面。

【视图平面】：创建平行于视图平面并穿过绝对坐标系（ACS）原点的固定基准平面。

【按系数】：通过使用系数 A、B、C 和 D 指定一个方程的方式，创建固定基准平面，该基准平面由方程 $AX + BY + CZ = D$ 确定。

（2）基准轴　基准轴既可以是相对的，也可以是固定的。以创建的基准轴为参考对象，可以创建其他对象，如基准平面、回转特征和拉伸体等。下面将详细介绍创建基准轴的操作方法。

在 NX 软件中，选择【插入】→【基准/点】→【基准轴】菜单项，系统即可弹出【基准轴】对话框，在【类型】下拉列表框中选择【两点】选项，选取一个顶点为出发点，选取一个点为终止点，然后单击【确定】按钮，通过以上步骤即可完成创建基准轴的操作，如图 3-43 所示。

（3）基准坐标系 基准坐标系由三个基准平面、三个基准轴和原点组成，在基准坐标系中可以选择单个基准平面、基准轴或原点。基准坐标系可用来创建其他特征、约束草图和定位在一个装配中的组件等。下面将详细介绍创建基准坐标系的操作方法。

在 NX 软件中，选择【插入】→【基准/点】→【基准 CSYS】菜单项，系统即可弹出【基准 CSYS】对话框，在【类型】下拉列表框中选择【原点，X 点，Y 点】选项，在绘图区中，选取一个点为原点，一个点为 X 轴点，一个点为 Y 轴点，然后单击【确定】按钮，通过上述操作即可完成创建基准坐标系的操作，如图 3-44 所示。

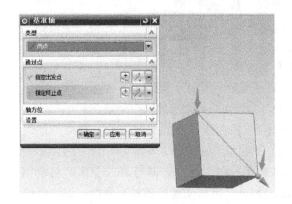

图 3-43　创建基准轴

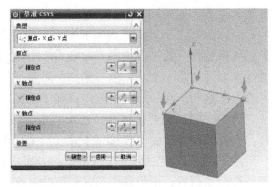

图 3-44　创建基准坐标系

2. 布尔操作

组合体通常由多个基本体组成，于是要求把多个实体或特征组合成一个实体，这个操作被称为布尔运算。在 NX 软件中，布尔操作也分为求和、求差及求交，本节将详细介绍布尔运算的相关知识。

（1）求和 求和运算是指实体的合并，要求目标体和工具体接触或相交。在菜单栏中选择【插入】→【组合】→【求和】菜单项，系统即可弹出【求和】对话框。按照顺序选择目标体和工具体，单击【确定】按钮即可完成求和操作，如图 3-45 所示。

进行布尔求和运算时，第一个选择的体对象的运算结果将加在这个目标体上，并修改目标体。同一次布尔运算中，目标体只能有一个。布尔运算的结果体类型与目标体的类型一致。进行布尔运算时，第二个以后选择的体对象为工具体，这些对象将加在目标

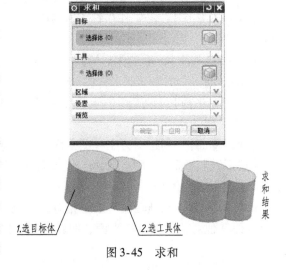

图 3-45　求和

体上，并构成目标体的一部分。同一次布尔运算中，工具体可有多个。

（2）求差 求差运算是用工具体去减目标体，它要求目标体和工具体之间包含相交部分。在菜单栏中选择【插入】→【组合】→【求差】菜单项，系统即可弹出【求差】对话框，选择目标体和工具体，单击【确定】按钮即可完成求差操作，如图3-46所示。

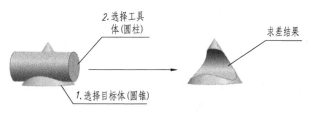

图3-46 求差

（3）求交 布尔求交操作用于创建包含两个不同实体的公共部分。进行布尔求交运算时，工具体与目标体必须相交。在菜单栏中选择【插入】→【组合】→【求交】菜单项，系统即可弹出【求交】对话框，按照顺序选择目标体和工具体，单击【确定】按钮即可完成求交操作，如图3-47所示。

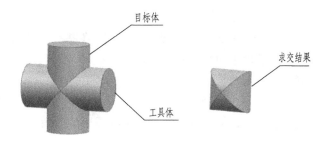

图3-47 求交

3. 基本成形设计特征

基本成形设计特征包括孔、凸台、腔体、垫块、键槽、槽、三角形加强筋、倒斜角、边倒圆、螺纹、拔模、抽壳和缩放等。本节将详细介绍基本成形设计特征的相关知识及操作方法。

（1）孔 在菜单栏中选择【插入】→【设计特征】→【孔】菜单项，系统即可弹出【孔】对话框，如图3-48所示。当用户选择不同的孔类型时，【孔】对话框中的参数类型和参数个数都将相应改变。在该对话框中可以输入创建孔特征的每个参数的数值。下面将分别详细介绍几种类型孔的设置。它们的操作方法相同，不同的是【形状和尺寸】选项组中的参数。

1）【常规孔】是创建指定尺寸的简单孔、沉头孔、埋头孔或锥孔特征。如果是通孔，则指定通孔位置；如果不是通孔，则需要输入深度和顶锥角两个参数。

2）【钻形孔】是使用ANSI标准或ISO标准创建简单钻形孔特征。

3）【螺钉间隙孔】是以创建简单孔、沉头孔或埋头通孔为具体应用而设计。

4）【螺纹孔】主要由螺纹大小和径向进刀定义。

5）【孔系列】是创建起始、中间和结束孔尺寸一致的多形状、多目标体的对齐孔。

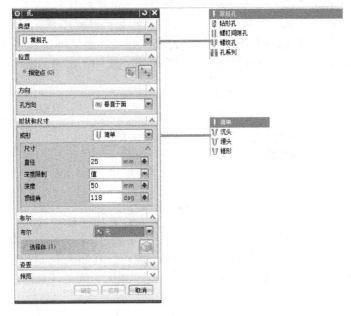

图 3-48 【孔】对话框

（2）凸台　在菜单栏中选择【插入】→【设计特征】→【凸台】菜单项，系统即可弹出【凸台】对话框。【凸台】对话框中包括选择步骤-放置面、过滤器、直径、高度、锥角和反侧等选项，下面将分别给以详细介绍。

【选择步骤-放置面】：用于指定一个平面或基准平面，以在其上定位凸台。

【过滤器】：通过限制可用的对象类型帮助用户选择需要的对象。这些选项有【任意面】和【基准平面】。

【直径】：输入凸台直径的值。

【高度】：输入凸台高度的值。

【锥角】：输入凸台的柱面壁向内倾斜的角度。该值可正可负。零值表示产生没有锥度的垂直圆柱壁。

【反侧】：如果选择了基准面作为放置平面，则此按钮成为可用。单击此按钮使当前方向矢量反向，同时重新生成凸台的预览。

凸台特征的操作过程很简单，下面将详细介绍其操作方法。

打开【凸台】对话框，选择凸台特征的放置面，在【过滤器】下拉列表框中选择【任意】选项，设置直径、高度和锥角等参数值，单击【确定】按钮，如图 3-49 所示。

系统弹出【定位】对话框，选择一种定位方式，如垂直方式，单击【确定】按钮，如图 3-50 所示。

通过以上步骤即可完成创建凸台特征的操作。

（3）腔体　腔体就是在已有的实体模型中切剪材料而形成的特征。腔体特征的创建过程与孔类似，不同的是孔是圆柱形的，而腔体可以是多种几何形状。

在菜单栏中选择【插入】→【设计特征】→【腔体】菜单项，系统即可弹出【腔体】对话框。腔体特征包括 3 种类型：圆柱坐标系、矩形和常规。

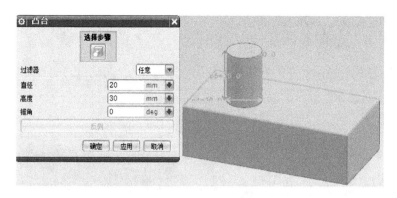

图 3-49 【凸台】对话框

（4）垫块　垫块特征操作是在实体上添加
一定形状的材料。在操作【垫块】命令的过程
中，所创建的垫块必须依附一个已存在的实体。

在菜单栏中选择【插入】→【设计特征】→
【垫块】菜单项，系统即可弹出【垫块】对话
框。打开【垫块】对话框后，首先需要选择垫
块的类型，如矩形或常规。然后选择放置平面
或基准面，输入垫块参数。最后选择定位方式
即可以此定位垫块。垫块分为两类，矩形垫块
和常规垫块。前者比较简单，有规则；后者比较复杂，但是灵活。

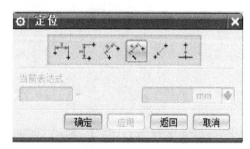

图 3-50 【定位】对话框

（5）键槽　键槽是指在实体上通过去除一定形状的材料创建槽形特征。键槽特征包括 5
种类型，分别为矩形键槽、球形键槽、U 形键槽、T 形键槽和燕尾槽，所有类型的深度值都
是垂直于安放平面测量的。键槽特征的执行方法为：在菜单栏中选择【插入】→【设计特征】→
【键槽】菜单项，系统即可弹出【键槽】对话框。

（6）槽　创建槽特征仅用于圆柱形或圆锥形表面上，旋转轴是旋转表面的轴。在菜单
栏中选择【插入】→【设计特征】→【槽】菜单项，系统即可弹出【槽】对话框。打开【槽】
对话框后，可以看到槽的类型有 3 种，分别为矩形槽、球形端槽和 U 形沟槽。

（7）三角形加强筋　用户可以使用【三角形加强筋】命令沿着两个面集的交叉曲线来
添加三角形加强筋特征。要创建三角形加强筋特征，首先必须指定两个相交的面集，面集可
以是单个面，也可以是多个面；其次要指定三角形加强筋的基本定位点。下面将详细介绍创
建三角形加强筋的操作方法。

在菜单栏中选择【插入】→【设计特征】→【三角形加强筋】菜单项，系统弹出【三角形
加强筋】对话框，定义面集 1，选择放置三角形加强筋的第一组面，定义面集 2，单击【第
二组面】按钮，选择放置三角形加强筋的第二组面。系统会出现加强筋的预览，在【方法】
下拉列表框中选择【沿曲线】方式，在【方法】组中选择【弧长百分比】单选按钮，输入
需要放置加强筋的位置值 50，在【角度】文本框中输入值 30，在【深度】文本框中输入值
10，在【半径】文本框中输入值 5，单击【确定】按钮。通过以上步骤即可完成创建三角
形加强筋的操作，如图 3-51 所示。

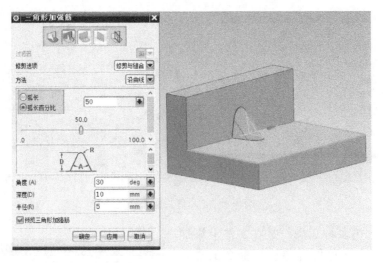

图 3-51　创建三角形加强筋

本 章 小 结

　　本章中主要学习对几何体结构的分析和构形，这在三维建模过程中可以帮助大家对各种不同形式的图形进行分解，进而更加方便地进行建模。本章的学习注意掌握以下几个方面：

　　1）几何体可以分为基本体和组合体。基本体是由简单的平面立体或曲面立体组成，而组合体相对较复杂，是由平面和曲面组合而成。

　　2）基本体中平面立体包括棱柱、棱锥等，曲面立体主要有圆柱、圆锥、球和圆环等。三维建模中主要通过拉伸、旋转、扫掠和放样等方式来实现对长方体、圆柱体、圆锥体和球体的建模。

　　3）组合体主要通过叠加（形体加运算）、切割（形体减运算）和交割（形体交运算）这三种形式进行建模。在分析图形时可以运用形体分析法和线面投影分析法来准确作图和完整地想象出组合体各细部形状。

第4章

零件的构形分析与建模

【教学要点】

1) 了解零件构形设计的内容及要求。
2) 熟悉零件常用的铸造工艺结构和机械加工工艺结构。
3) 掌握轴套类、盘盖类、叉架类和箱壳类等典型零件的结构分析与构形。
4) 掌握 NX 软件建模中的细节特征，学会特征的关联复制操作。
5) 掌握标准件和常用件连接形式，并能够在 NX 软件中对其进行建模。

4.1 零件的构形设计

4.1.1 零件构形设计的内容

无论二维设计还是三维设计，都应考虑各个零件的几何形状、尺寸大小、工艺结构及其材料等内容。

对一个零件的几何形状、尺寸大小、工艺结构和材料等进行分析和设计的过程称为零件构形设计。进行零件构形设计时应首先了解零件在部件中的功能和相邻零件之间的关系，从而想象出该零件由什么几何形体构成，分析为什么采用这种形体构成，这种方案是否合理，还有没有其他形体构成方案等。在分析几何形状的过程中同时分析尺寸大小、工艺结构和材料等，最终确定零件的整体构形。

4.1.2 零件构形设计的要求

零件构形要遵循某些规则，才能满足设计的基本要求。零件构形设计要达到以下要求。

（1）构形设计要保证实现预定功能　零件的功能是确定零件主体结构形状和尺寸的主要依据之一，此项要求有两层含义：一是零件的结构形状和尺寸能使其发挥作用，实现预定功能；二是有足够的强度、刚度和稳定性，使其工作安全、可靠。

（2）构形设计要满足工艺要求　工艺要求是确定零件局部结构的主要依据之一。确定了零件的主体结构之后，要考虑零件的结构形状易于加工、装配、调整和维修等，零件的细部构形也必须合理。

（3）构形设计要保证使用材料合理　合理使用材料包括两方面内容：一方面是要充分利用各种材料本身的性能，使零件更好地实现其功能；另一方面是要注重通过改变形状和调整结构节约材料。

（4）构形设计要使零件外形美观　随着人类文明的进步，产品的精神功能已越来越受到重视。外形美观是零件细部构形的另一主要依据。不同的外形会产生不同的视觉效果，影响人们的心理、情绪等，关系到生产效率、产品质量及客户的购买欲望。

（5）构形设计要有良好的经济性　构形设计应尽可能做到形状简单美观、制造容易、材料来源方便且价格低廉，在降低成本的同时提高生产效率，以获得良好的经济效益。

4.2　零件的常见工艺结构

零件的结构不但要满足设计和功能要求，还必须考虑生产制造的工艺要求。下面介绍零件上常见的一些工艺结构。

4.2.1　零件的铸造工艺结构

1. 起模斜度

用铸造方法制造零件毛坯时，为了便于起模，一般沿起模方向设有约1∶20的斜度，称为起模斜度。因此铸件上也就有了相应的起模斜度，如图4-1所示。

2. 铸造圆角

在铸件相邻表面的相交处应以圆角过渡，半径通常为3~5mm，如图4-2所示。这样既能方便起模，又能防止浇注时将砂型转角处冲坏，还可以避免铸件在冷却时产生缩孔或裂纹。

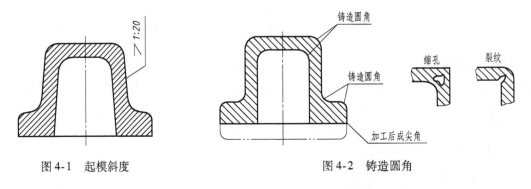

图4-1　起模斜度　　　　　　　　　　图4-2　铸造圆角

3. 铸件壁厚

为了避免铸件冷却时因各部分冷却速度的不同而产生裂纹或缩孔，在设计铸件时其壁厚应尽量均匀一致，不同壁厚间应逐渐过渡，如图4-3所示。

4.2.2　零件的机械加工工艺结构

1. 倒角和倒圆

为了便于零件装配且保护零件表面不受损伤，一般在轴和孔的端部加工成倒角。常见的倒角为45°，也可以是30°或60°。

为了避免应力集中，往往在阶梯的轴肩、孔肩处加工成圆角过渡形式，称为倒圆，如图4-4所示。

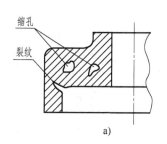

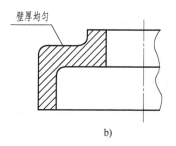

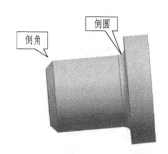

图 4-3 铸件壁厚

图 4-4 倒角及倒圆

a）壁厚变化剧烈，产生裂纹和缩孔　b）壁厚均匀

重要的倒角和倒圆尺寸应根据轴径或孔径由 GB/T 6403.4—2008 查得。

2. 退刀槽和砂轮越程槽

在切削加工的过程中，特别是在车削螺纹和磨削时，为了便于退出刀具或使砂轮可以稍微越过加工面，常常在零件的待加工面的末端预先车削出退刀槽或砂轮越程槽，如图 4-5 和图 4-6 所示。

砂轮越程槽的形式和尺寸可按 GB/T 6403.5—2008 来选用（见附录）。

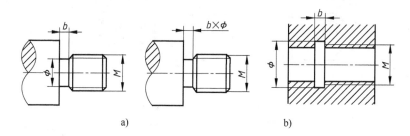

图 4-5 退刀槽

a）外螺纹的退刀槽　b）内螺纹的退刀槽

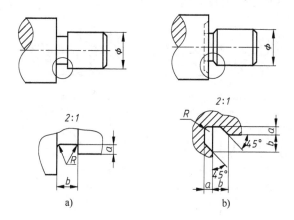

图 4-6 砂轮越程槽

a）磨削轴颈时的砂轮越程槽　b）磨削轴颈和端面时的砂轮越程槽

3. 钻孔结构

零件上有各种形式的孔，多数是用钻头加工而成。在盲孔的底部有一个锥坑，规定锥角画成120°，不需要标注。钻孔深度指的是圆柱部分的深度，不包括锥坑，如图4-7a 所示。在阶梯孔的过渡处也应形成锥角为120°的圆台，如图4-7b 所示。

设计孔时，应尽量使孔的轴线垂直于钻孔端面，以保证钻孔准确和避免钻头因受力不均而折断。在斜向或曲向上钻孔时，常按图4-8所示设计出凸台、凹坑或斜面。

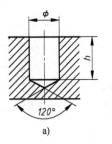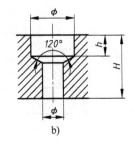

图4-7　钻孔结构
a）盲孔　b）阶梯孔

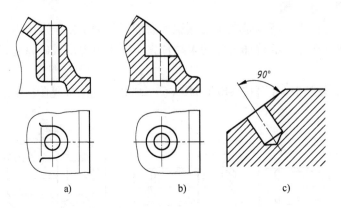

图4-8　钻孔的端面
a）凸台　b）凹坑　c）斜面

4. 凸台和凹坑

零件的接触面一般都要经过切削加工，为了减少加工面积，减小质量，减少接触面积，以增加装配的稳定性，常在零件上设计出凸台或者凹坑，如图4-9所示。

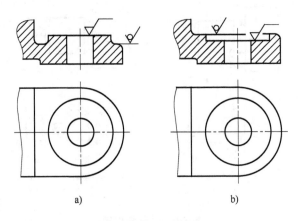

图4-9　凸台和凹坑
a）凸台　b）凹坑

4.3 典型零件的结构分析与构形

零件的形状千变万化，但根据它在部件中所起的作用、基本形状及与相邻零件的关系，并考虑其加工工艺，一般将零件分成轴套类、盘盖类、叉架类和箱壳类等类型。每类零件的结构都有一些共同点，因此每类零件的构形、表达方法和尺寸标注都有共同之处，本节主要介绍典型零件的结构分析与构形。

4.3.1 轴套类零件

这类零件的主体结构是同轴线不同直径的回转体，而且轴向尺寸大，径向尺寸相对小；这类零件一般起支承轴承、传动零件的作用，因此，常带有倒角、键槽、轴肩、螺纹、退刀槽和中心孔等结构。

图 4-10 所示轴的结构主要是回转体，因此主体件同样为该零件本体。主体件的模型粗坯如图 4-11 所示，是由四段不同直径的轴段组成。

该形体的建模步骤如下：

（1）建立轴的模型粗坯　通过建立如图 4-12 所示的特征平面 1，运用旋转运算方式得到轴的模型粗坯。

（2）制作轴端螺纹　运用螺旋扫掠运算方式，选用正三角形为特征平面扫掠出螺纹（有关螺纹的知识可参看下一节相关内容）。

（3）制作键槽　以除料的方式，在相应轴段上，切除掉一块如图 4-12 所示的以特征平面 2 拉伸形成的柱体，建立键槽，从而完成轴套类零件的建模。

图 4-10　轴套类零件结构（一）

对于零件上的倒角与退刀槽结构，可在此基础上利用放置特征创建，具体操作过程可通过相关三维设计软件实现。

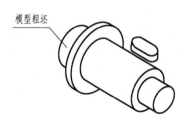

图 4-11　轴套类零件结构（二）

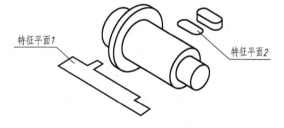

图 4-12　轴套类零件上轴与键槽的特征平面

4.3.2 盘盖类零件

这类零件的主体部分大多是由不同直径的圆柱体组成，轴向尺寸较短，如图 4-13 所示，两端是与其他零件连接时的主要接触面。为便于与其他零件连接，中心圆柱孔内通常加工有键槽，四周设计了安装孔。为减小质量、改善受力状况，常有轮辐、肋等结构。轮盘类零件多为铸、锻件，加工以车削为主，如齿轮、带轮和端盖等。

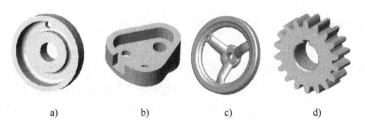

图 4-13　盘盖类零件

a）圆盘　b）鸡心盘　c）手轮　d）齿轮

下面以带轮为例，介绍其建模方法。

带轮是用来传递运动和动力的一种机械传动件。由于带轮结构主要是回转体，主体件为该零件本体，主体件的模型粗坯如图 4-14 所示。建模过程可看成是在该模型粗坯的基础上以除料的方式挖切掉如图 4-14 所示的 6 个圆柱体及一个长方体（键槽）后形成的。而图 4-14 所示的模型粗坯结构，是以图 4-15 所示的特征平面运用旋转运算方式形成的。

图 4-14　盘盖类零件的结构

图 4-15　盘盖类零件的特征平面

4.3.3　叉架类零件

叉架类零件包括弯臂、连杆和支架等。弯臂、连杆零件多为运动件，通常起传动、连接、调节或制动等作用，此类零件多数由铸造或模锻制成毛坯，经机械加工而成，结构大都比较复杂，一般分为工作部分（与其他零件配合或连接的套筒、叉口及支承板等）、安装部分（高度方向尺寸较小的棱柱体，其上常有凸台、凹坑、销孔、螺纹孔、螺栓过孔和成形孔等结构）和连接部分。

其创建步骤如下：

（1）分析零件　将该零件按其各部分的功能分解为四部分，即拨叉、连接部分、轴座和肋板，如图 4-16 所示。从建模角度可确定连接件为主体件，依附件是空心半圆柱体状拨叉、轴座和肋板。

（2）构建主体件　主体件的模型粗坯如图 4-17 所示，其建模方法为由图 4-18 所示的特征平面经拉伸而形成的柱体。

（3）构建其他依附件　先构建拨叉，拨叉位于主体件的上方，因此可在主体件上方一定位置处构建，形体为一空心半圆柱体；再构建轴座，轴座位于主体件的下方，建构轴座时，先在主体件相应位置处叠加一相应大小的圆柱体，然后利用除料方式经挖切一小圆柱体后形成；最后构建主体件的左侧肋板，采用叠加方式在与主体件、轴座一定的相对位置处构建。若考虑铸件的起模斜度，则可以利用构造形体的放置特征，完成零件的建模。叉架类零件建模的 CSG 树如图 4-19 所示。

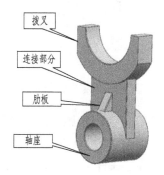

图 4-16　叉架类零件的结构

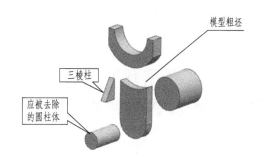

图 4-17　叉架类零件分解图

图 4-18　叉架类零件主体件
模型粗坯特征平面

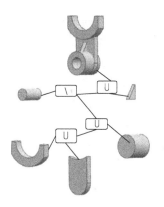

图 4-19　叉架类零件建模的 CSG 树

4.3.4　箱壳类零件

箱壳类零件是组成机器或部件的主要零件之一，多数是中空的壳体，具有内腔和壁厚，主要用来支承、包容和保护运动零件或其他零件，常具有轴孔、轴承孔、凸台和肋板等结构。为了使箱壳类零件与其他零件或机座装配在一起，这类零件上还设有安装底板、安装孔等结构。

根据上文介绍的零件建模的基本原则，完成如图 4-20 所示箱体的建模，方法如下。

该箱体按照其作用可分解为如图 4-21 所示的工作腔和底板两部分。这两部分之间的相对位置关系属于叠加，底板为主体件。

底板是主体件，模型粗坯属于柱体类结构（见图 4-22）。要加工成如图 4-21 所示的底板零件，还要在模型粗坯 D_0 的底端切去两块长方体（件 b、件 c），并在其上端面相应位置处向上叠加出四个空心圆柱体（件 a），底板分解图如图 4-22 所示。

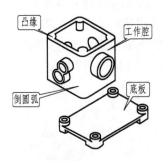

图 4-20　箱壳类零件结构　　　　　　图 4-21　箱壳类零件的分解图

　　工作腔是依附件，模型粗坯为抽壳的柱体（见图 4-23）。为建构图 4-21 所示的凸缘，在模型粗坯 Q_0 上方相应位置叠加四个圆柱体（件 5）；侧面结构通过填料的方式，分别在相应位置先叠加四个柱体（件 1、2、3、4），再以除料的方式，在件 1、2、3、4 上相应位置挖去五个圆柱孔（件 6、7、8、9），建立通孔结构；最后以除料方式建立上端面上的四个螺纹孔结构，从而完成工作腔的建模。工作腔分解图如图 4-23 所示。

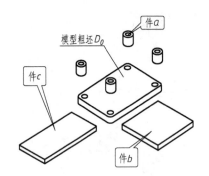

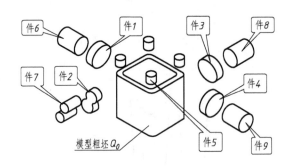

图 4-22　底板分解图　　　　　　　图 4-23　工作腔分解图

　　该零件的 CSG 树如图 4-24 所示。

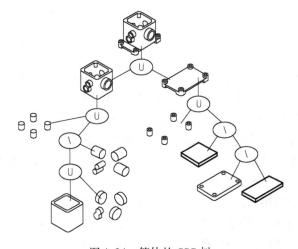

图 4-24　箱体的 CSG 树

4.4 NX 软件创建细节特征

1. 倒斜角

倒斜角是指通过定义要求的倒角尺寸斜切实体的边缘。在菜单栏中选择【插入】→【细节特征】→【倒斜角】菜单项，系统即可弹出【倒斜角】对话框。在【倒斜角】对话框中，系统提供了 3 种倒斜角的选项，分别为【对称】、【非对称】和【偏置和角度】，下面将分别给以详细介绍。

【对称】：选择此选项，建立沿两个表面的偏置量相同的倒角，如图 4-25 所示。

【非对称】：选择此选项，建立沿两个表面的偏置量不同的倒角，如图 4-26 所示。

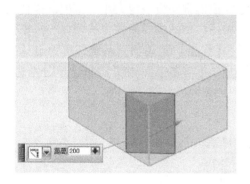 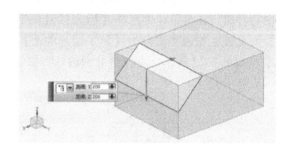

图 4-25　对称倒斜角　　　　　　　　　　　图 4-26　非对称倒斜角

【偏置和角度】：选择此选项，建立由一个偏置值和一个角度决定的倒角，如图 4-27 所示。

2. 边倒圆

边倒圆是指通过选择的边缘按指定的半径进行倒圆。在菜单栏中选择【插入】→【细节特征】→【边倒圆】菜单项，系统即可弹出【边倒圆】对话框，如图 4-28 所示。

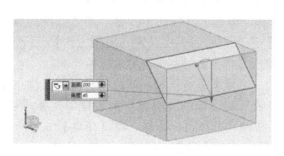

图 4-27　偏置和角度倒斜角　　　　　　　　　图 4-28　【边倒圆】对话框

下面详细介绍【边倒圆】对话框中的参数。

【要倒圆的边】：在此参数选项组中，设定以恒定的半径倒圆。

【可变半径点】：在此参数选项组中，设定沿边缘的长度进行可变半径倒圆。

【拐角倒角】：在此参数选项组中，设定为实体的三条边的交点倒圆。

【拐角突然停止】：在此参数选项组中，设定对局部边缘段倒圆。

【修剪】：用来设置修剪对象。

【溢出解】：用来设置滚动边等参数。

【设置】：选中【对所有实例倒圆】复选框，则将所有的实例倒圆。另外还可以设置移除自相交和公差等参数。

3. 拔模

拔模特征操作是指对目标体的表面或边缘按指定的拔模方向拔一定大小的锥度。拔模角有正负之分，正的拔模角使得拔模体朝拔模矢量中心靠拢，负的拔模角使得拔模体与拔模矢量中心背离。在菜单栏中选择【插入】→【细节特征】→【拔模】菜单项，系统即可弹出【拔模】对话框。拔模类型分为【从平面或曲面】、【从边】、【与多个面相切】和【至分型边】拔模，如图4-29所示，下面将分别给以详细介绍。

图4-29 【拔模】对话框

（1）从平面或曲面拔模　从平面拔模操作类型需要拔模方向、基准面、拔模表面和拔模角度4个关联参数。其中拔模角度可以编辑、修改。其操作步骤是：在【拔模】对话框的【类型】列表框中选择【从平面或曲面】选项，然后依次设置【脱模方向】、【拔模参考】、【要拔模的面】和【设置】等选项，单击【确定】按钮即可完成拔模操作。

（2）从边拔模　从边拔模是指对指定的一边缘组进行拔模。从边拔模的最大优点是可以进行变角度拔模，其操作步骤是：在【拔模】对话框的【类型】列表框中选择【从边】选项，然后选择【脱模方向】，单击【边】按钮，选择目标边缘，在【角度】文本框中设置参数，定义所有的变角度点和百分比参数后，单击【确定】按钮即可完成操作。

（3）与多个面相切拔模　与多个面相切拔模一般针对具有相切面的实体表面进行拔模。

它能保证拔模后，它们仍然相切。

（4）至分型边拔模 至分型边拔模是按一定的拔模角度和参考点，沿一分裂线组对目标体进行拔模操作。

4. 抽壳

抽壳是指对一个实体以一定的厚度进行去除操作，生成薄壁体或绕实体建立壳体。完成的壳体的各个部分壁厚，可以是相同的，也可以是不同的。在菜单栏中选择【插入】→【偏置/缩放】→【抽壳】菜单项，系统即可弹出【抽壳】对话框。在【抽壳】对话框中提供了运用【抽壳】功能的操作步骤，包括选择【类型】、【要穿透的面】和【厚度】等，如图 4-30 所示。

图 4-30 【抽壳】对话框

【类型】：该选项组中有两种类型可供选择：【移除面，然后抽壳】和【对所有面抽壳】。

【要穿透的面】：从要抽壳的实体中选择一个或多个面移除。

【厚度】：规定壳的厚度。

【备选厚度】：选择面调整抽壳厚度。

【设置】：设置相切边和公差等参数。

5. 缩放

使用缩放命令可以在工作坐标系中按比例缩放实例和片体。比例类型有均匀、轴对称和通用比例。

4.5 特征的关联复制

关联复制主要包括抽取几何体和阵列特征两种。这两种方式都是对已有的模型特征进行操作，可以创建与已有模型特征相关联的目标特征，从而减少许多重复的操作。本节将详细介绍关联复制的相关知识。

4.5.1 阵列特征

"阵列特征" 操作就是对特征进行阵列，也就是对特征进行一个或者多个的关联复制，并按照一定的规律排列复制的特征，而且特征阵列的所有实例都是相互关联的，可以通过编辑原特征的参数来改变其所有的实例。常用的阵列方式有线性阵列、圆形阵列、多边形阵列、螺旋式阵列、沿曲线阵列、常规阵列和参考阵列等。本节将以 "线性阵列" 为例，详细介绍阵列特征的相关知识。

线性阵列功能可以将所有阵列实例成直线或矩形排列。下面将详细介绍创建线性阵列的操作方法。

首先创建一个长、宽、高分别为 150mm、100mm、10mm 的长方体，并在长方体上插入一个直径和高度均为 10mm 的凸台，如图 4-31 所示。在菜单栏中选择【插入】→【关联复制】→【阵列特征】菜单项，系统会弹出【阵列特征】对话框，如图4-32所示。

选择阵列的对象：在特征树中选择凸台特征为要阵列的特征。定义阵列方法：在【阵列特征】对话框中的【布局】下拉列表框中选择【线性】选项。定义方向1阵列参数：单击【自动判断的矢量】，在绘图区中选择 XC 轴为第一阵列方向，在【间距】下拉列表框中选择【数量和节距】选项，然后在【数量】文本框中输入阵列数量为6，在【节距】文本框中输入阵列节距值为25mm。定义方向2的阵列参数：在对话框的【方向2】区域中选中【使用方向2】复选框，单击【自动

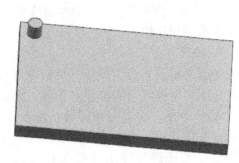

图4-31　长方体及凸台

判断的矢量】，在绘图区中选择-YC轴为第二阵列方向，在【间距】下拉列表框中选择【数量和节距】选项，然后在【数量】文本框中输入阵列数量为4，在【节距】文本框中输入阵列节距值为25mm，如图4-33所示。单击【确定】按钮后即可完成线性阵列的操作，效果如图4-34所示。

图4-32　【阵列特征】对话框

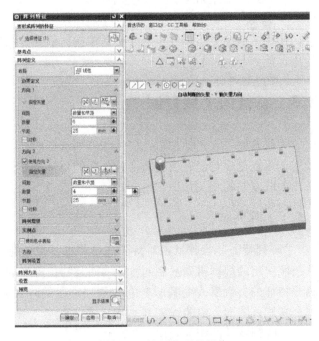

图4-33　线性阵列的操作

下面将详细介绍【阵列特征】对话框中部分选项的功能。

1.【布局】

【线性】：选择此选项，可以根据指定的一个或两个线性方向进行阵列。

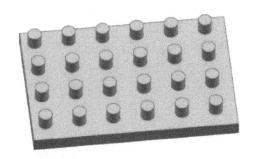

图 4-34　线性阵列的效果

【圆形】：选择此选项，可以绕着一根指定的旋转轴进行环形阵列，阵列实例绕着旋转轴圆周分布。

【多边形】：选择此选项，可以沿着一个正多边形进行阵列。

【螺旋式】：选择此选项，可以沿着螺旋线进行阵列。

【沿】：选择此选项，可以沿着一条曲线路径进行阵列。

【常规】：选择此选项，可以根据空间的点或由坐标系定义的位置点进行阵列。

【参考】：选择此选项，可以参考模型中已有的阵列方式进行阵列。

2.【间距】

【间距】下拉列表框用于定义各阵列方向的数量和间距。

【数量和节距】：选择此选项，通过输入阵列的数量和每两个实例的中心距离进行阵列。

【数量和跨距】：选择此选项，通过输入阵列的数量和每两个实例的间距进行阵列。

【节距和跨距】：选择此选项，通过输入阵列的数量和每两个实例的中心距离及间距进行阵列。

【列表】：选择此选项，通过定义的阵列表格进行阵列。

4.5.2　阵列面

使用阵列面功能可以复制矩形阵列、圆形阵列中的一组面或镜像一组面，并将其添加到实体中。在菜单栏中选择【插入】→【关联复制】→【阵列面】菜单项，系统即可弹出【阵列面】对话框。阵列面包括 3 种类型，分别为矩形阵列、圆形阵列和镜像。

下面将详细介绍【阵列面】对话框中的选项。

1)【类型】：

【矩形阵列】：用于复制一个面或一个组面来创建这些面的线性阵列。

【圆形阵列】：通过复制一个面或一组面来创建这些面的圆形阵列。

【镜像】：通过复制一个面或一组面来创建这些面的镜像。

2)【面】：选择一个或多个面。

3)【X 向/Y 向/轴】：用于创建阵列的矢量。

4)【阵列属性】：输入阵列参数。

4.5.3　镜像特征

镜像特征是通过基准平面将模型生成对称的模型的方法，镜像特征可以在体内镜像特征。在菜单栏中选择【插入】→【关联复制】→【镜像特征】菜单项，系统即可弹出【镜像特征】对话框，如图4-35所示。打开【镜像特征】对话框后，从绘图区中直接选择要镜像的特征，然后选择镜像平面，最后单击【确定】按钮即可完成创建镜像特征，如图4-36所示。

图 4-35　【镜像特征】对话框

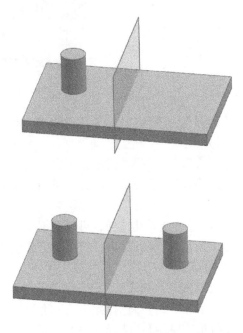

图 4-36　创建镜像特征

4.5.4　抽取几何体

使用抽取几何体功能可以通过从另一个体中抽取对象来生成一个体。用户可以在4种类型的对象之间选择来进行抽取操作。如果抽取一个面或一个区域，则生成一个片体；如果抽取一个体，则新体的类型将与原先的体（实体或片体）相同。

4.5.5　实例几何体

用户可以通过使用【实例几何体】命令创建对象的副本，即可以轻松地复制几何体、面、边、曲线、点、基准平面和基准轴，并保持实例特征与其原始体之间的关联性。

4.6　标准件和常用件的结构分析与建模

机器或部件在组装过程中，经常要用到螺栓、螺母、齿轮、弹簧、滚动轴承、键和销等机件，其中螺栓、螺母、滚动轴承、键和销等机件的结构和尺寸已经标准化，并有相应的标准编号，由专业厂家生产，称为标准件。对在生产中大量使用的齿轮、弹簧等零件的部分结构参数和尺寸也做了规定。本节介绍了这些零件的基础知识和机械制图国家标准中的规定规格、代号和标记等有关内容的查表和计算的方法。

4.6.1 螺纹

螺纹是平面图形（如三角形、矩形和锯齿形等）在圆柱或圆锥表面上做螺旋运动，形成的具有相同断面形状的连续凸起和沟槽。凸起的顶端称为螺纹的牙顶，沟槽的底部称为螺纹的牙底。螺纹是零件上一种常见的标准结构要素，加工在圆柱或圆锥外表面的螺纹称为外螺纹，加工在圆柱或圆锥内表面的螺纹称为内螺纹，如图 4-37 所示。

螺纹的加工方法有很多种，在车床上车削内、外螺纹，由刀具和工件的相对运动，形成了螺纹，如图 4-38a、b 所示。图 4-38c 所示为用板牙加工外螺纹。加工直径比较小的内螺纹，先用钻头钻出光孔，再用丝锥攻螺纹，如图 4-38d 所示。

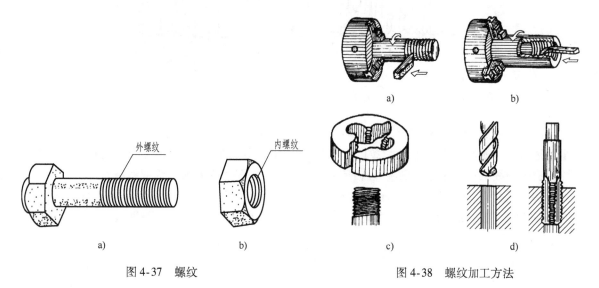

图 4-37　螺纹　　　　　　　　图 4-38　螺纹加工方法

1. 螺纹要素

内、外螺纹一般要成对使用，在内、外螺纹连接时，应满足内、外螺纹连接的条件，即螺纹的 5 个要素要完全相同，否则内、外螺纹不能互相旋合。

（1）螺纹的牙型　沿螺纹轴线方向剖切，所得到的螺纹轮廓形状称为螺纹的牙型。常见的牙型有三角形（见图 4-39a、b）、梯形（见图 4-39c）、锯齿形（见图 4-39d）、矩形（见图 4-39e），不同的牙型有不同的用途。

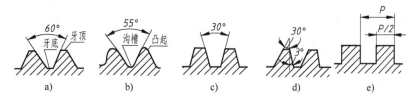

图 4-39　螺纹牙型

（2）螺纹的直径

1）大径 d 或 D：与外螺纹牙顶或内螺纹牙底相切的假想圆柱或圆锥的直径，为螺纹的最大直径。外螺纹大径用 d 表示，内螺纹大径用 D 表示，如图 4-40 所示。

2）小径 d_1 或 D_1：与外螺纹牙底或内螺纹牙顶相切的假想圆柱或圆锥的直径，为螺纹的最小的直径。外螺纹小径用 d_1 表示，内螺纹小径用 D_1 表示，如图 4-40 所示。

3）中径 d_2 或 D_2：一个假想圆柱或圆锥的直径，该圆柱或圆锥的母线通过牙型上沟槽和凸起的宽度相等的地方。外螺纹中径用 d_2 表示，内螺纹中径用 D_2 表示，如图 4-40 所示。

4）公称直径。代表螺纹尺寸的直径，指螺纹大径的公称尺寸。

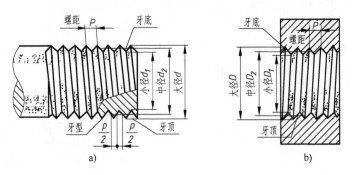

图 4-40　螺纹的牙型和直径

（3）螺纹的线数　螺纹有单线和多线之分。在圆柱（锥）面上沿一条螺旋线所形成的螺纹称为单线螺纹，沿两条或两条以上在轴向等距离分布的螺旋线形成的螺纹称为多线螺纹。螺纹的线数用 n 表示。图 4-41a 所示为单线螺纹，图 4-41b 所示为双线螺纹。

（4）螺距和导程　相邻两牙在中径线上对应两点间的轴向距离称为螺距，用 P 表示。同一条螺旋线上相邻两牙在中径线上对应两点间的轴向距离称为导程，用 Ph 表示，如图 4-41所示。

导程 = 螺距×线数，即 Ph = Pn

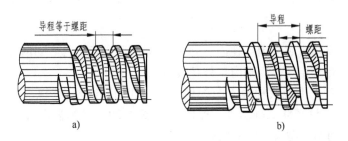

图 4-41　螺纹的线数、螺距和导程

（5）螺纹的旋向　螺纹的旋向有左旋和右旋之分：若顺着螺杆旋进方向观察，顺时针旋转时旋进的螺纹称为右旋螺纹，如图 4-42b 所示；逆时针旋转时旋进的螺纹称为左旋螺纹，如图 4-42a 所示。

2. 螺纹的种类

（1）按螺纹要素分　螺纹的五项基本要素，改变其中任何一项，就会得到不同规格的螺纹，为便于设计、制造和选用，国家标准对螺纹的牙型、大径和螺距做了相应的规定，牙型、大径和螺距均符合国家标准的螺纹，称为标准螺纹。螺纹牙型符合标准规定，其他不符合标准规定的螺纹，称为特殊螺纹。三项都不符合标准规定的称为非标准螺纹。

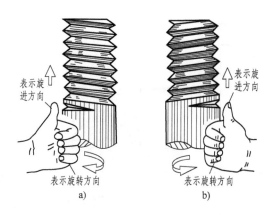

图 4-42　螺纹的旋向
a）左旋　b）右旋

（2）按螺纹的用途分

1）连接螺纹：用于各种紧固连接，如普通螺纹、管螺纹。

2）传动螺纹：用于各种螺旋传动中，如梯形螺纹、锯齿形螺纹。

常用标准螺纹的牙型、特征代号及用途见表 4-1。

表 4-1　常用标准螺纹的牙型、特征代号及用途

螺纹分类及特征代号			牙型及牙型角	说　明
连接螺纹	普通螺纹	粗牙普通螺纹（M）	60°	用于一般零件的连接，是应用最广的连接螺纹
		细牙普通螺纹（M）		在大径相同的情况下，螺距比粗牙螺纹小，多用于精密零件、薄壁零件或负荷大的零件
	55°管螺纹	55°非密封管螺纹（G）	55°	用于非螺纹密封的低压管路的连接，如自来水水管、煤气管等
		55°密封管螺纹	圆锥外螺纹（R_1 或 R_2）	55°	用于螺纹密封的中高压的连接
			圆锥内螺纹（Rc）		R_1——与圆柱内螺纹相配合的圆锥外螺纹
			圆柱内螺纹（Rp）		R_2——与圆锥内螺纹相配合的圆锥外螺纹

（续）

螺纹分类及特征代号		牙型及牙型角	说　明
传动螺纹	梯形螺纹（Tr）	30°	传递动力用，如机床丝杠等
	锯齿形螺纹（B）	3°　30°	传递单向动力，如螺旋泵

3. 螺纹的标记代号

（1）普通螺纹的标注形式

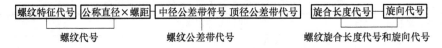

标注说明：

1）普通螺纹的螺纹代号用字母"M"表示。

2）粗牙普通螺纹不必标注螺距，细牙普通螺纹必须标注螺距。公称直径、导程和螺距数值的单位为 mm。

3）右旋螺纹不必标注旋向，左旋螺纹应标注字母"LH"。

4）中径公差带代号和顶径公差带代号由表示公差等级的数字和字母组成。大写字母代表内螺纹，小写字母代表外螺纹。顶径是指外螺纹的大径和内螺纹的小径，若两组公差带相同，则只写一组。表示内、外螺纹旋合时，内螺纹公差带在前，外螺纹公差带在后，中间用"/"分开。在特定情况下，中等公差精度螺纹不标注公差带代号。

5）普通螺纹的旋合长度分为短、中等、长三组，其代号分别为 S、N、L。若是中等旋合长度，其旋合代号可省略。

（2）管螺纹的标注形式

螺纹特征代号　尺寸代号　公差等级代号—旋向代号

标注说明：

1）螺纹特征代号：见表4-1。

2）尺寸代号：约为管子的内壁直径，单位为 in，其大径由查附录确定。

3）公差等级代号：外螺纹分 A、B 两级，内螺纹不标注。

4）旋向：左旋螺纹标旋向代号"LH"，右旋螺纹不标注旋向。

5）管螺纹应从螺纹大径画指引线进行标注。

（3）梯形螺纹和锯齿形螺纹的标注形式

单线螺纹： | 螺纹特征代号 | 公称直径×螺距 | 旋向代号 |—| 中径公差带代号 |—| 旋合长度代号 |

多线螺纹： | 螺纹特征代号 | 公称直径×导程（P螺距） | 旋向代号 |—| 中径公差带代号 |—| 旋合长度代号 |

标注说明：

1）梯形螺纹的特征代号用 Tr 表示，锯齿形螺纹的特征代号用 B 表示。

2）旋合长度分为中等旋合长度（N）和长旋合长度（L）两种，若为中等旋合长度则不标注。

（4）螺纹的标注示例 常见标准螺纹的类别和标注示例见表4-2。

表4-2 常见标准螺纹的类别和标注示例

螺纹类别		标注示例	说　明
普通螺纹	粗牙内螺纹	M20-6H	粗牙螺纹螺距不标注，右旋不标注。中径和顶径公差带相同，只标注一个代号6H
	细牙外螺纹	M20×2-5g6g-S-LH	细牙螺纹螺距应该标注，左旋螺纹要标注"LH"。中径与顶径公差带不同则分别标注5g与6g
		M20×2-6g-40	外螺纹中径与顶径公差带相同，只标注一个代号6g，旋合长度为40mm
	内外螺纹旋合标记	M20×2-6H/6g	内、外螺纹旋合时，公差带代号用斜线分开，左侧为内螺纹公差带代号，右侧为外螺纹公差带代号，旋合长度为N，省略标注
55°管螺纹	内螺纹	G1/2	管螺纹的标注指向螺纹大径。内管螺纹的中径公差等级只有一种，省略标注

（续）

螺纹类别		标注示例	说　明
55°管螺纹	A级外螺纹	*G1/2A*	外管螺纹中径的公差等级为A级。管螺纹为右旋，省略标注
	B级外螺纹	*G1/2B-LH*	外管螺纹中径的公差等级为B级。管螺纹为左旋，用"LH"标注
	内外螺纹旋合标记	*G1/2/G1/2A-LH*	圆柱管螺纹旋合时，管螺纹的标记用斜线分开，左侧为内管螺纹标注，右侧为外管螺纹标注
梯形螺纹	内螺纹	*Tr40×7-7H*	梯形螺纹的中径公差带为7H。旋合长度为N，省略标注
	外螺纹	*Tr40×14(P7)LH-8e-L*	梯形螺纹，导程为14mm，螺距为7mm，线数为2。旋向为左旋，中径公差带为8e，旋合长度为L
		Tr40×12(P3)-7e-50	梯形螺纹，导程为12mm，螺距为3mm，线数为4。中径公差带为7e，旋合长度为50mm
	内外螺纹旋合标记	*Tr52×8-7H/7e*	梯形螺纹，螺距为8mm，单线。内螺纹公差带为7H，外螺纹公差带为7e

（续）

螺纹类别		标注示例	说　明
锯齿形螺纹	内螺纹	$B40×7\text{-}7A$	锯齿形螺纹，螺距为 7mm，中径公差带为 7A
	外螺纹	$B40×7\text{-}7c$	锯齿形螺纹，螺距为 7mm，中径公差带为 7c

（5）特殊螺纹的标注　特殊螺纹的标注，应在牙型符号前加注"特"字，并注出大径和螺距，如图 4-43a 所示。

（6）非标准螺纹的标注　应标出螺纹的大径、小径、螺距和牙型的尺寸，如图 4-43b 所示。

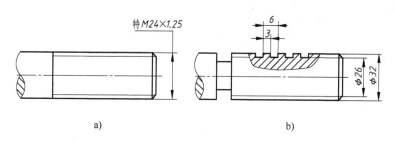

a)　　　　　　　　　　　b)

图 4-43　特殊螺纹和非标准螺纹的标注

4.6.2　螺纹紧固件的连接

常见的螺纹连接形式有：螺栓连接、双头螺柱连接和螺钉连接等。

1. 螺栓连接

螺栓连接用于连接两个或两个以上厚度不大、可以钻出通孔的零件，螺栓连接示意图如图 4-44 所示。

通常，在被连接零件上钻出通孔（通孔直径约为螺纹直径的 1.1 倍），连接时先将螺栓穿过通孔，然后在制有螺纹的一端套上垫圈，以增加支承面积和防止损伤零件的表面，最后用螺母旋紧，如图 4-45 所示。

螺栓的有效长度按照式（4-1）估算：

$$l = \delta_1 + \delta_2 + h + m + a \tag{4-1}$$

式中，δ_1 和 δ_2 是被连接两零件的厚度；h 是垫圈厚度；m 是螺母厚度；a 是螺栓端部伸出高度，一般约取 $0.3d$。

计算出 l 值后，根据螺栓有效长度系列标准，查表选出一个最接近的标准值。

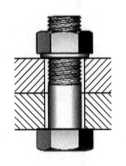

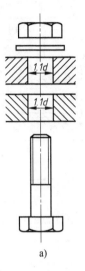

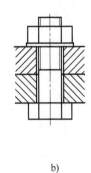

图 4-44　螺栓连接（一）

图 4-45　螺栓连接（二）

a）连接前　b）连接后

2. 双头螺柱连接

双头螺柱连接常用于被连接件中有一件较厚，不宜或不允许钻成通孔的情况。双头螺柱的两端均制有螺纹，图 4-46 中一头旋入较厚的被连接件，称为旋入端；另一头用螺母旋紧，称为紧固端。其连接示意图如图 4-46 所示。

双头螺柱的一些参数如图 4-47 所示。

螺柱有效长度可按式（4-2）估算，最后查标准在长度系列中取一最接近的标准长度。

$$l = \delta + h + m + a \tag{4-2}$$

式中，δ 是光孔零件的厚度；h 是垫圈厚度；m 是螺母厚度；a 是螺栓端部伸出高度，一般约取 $0.3d$。

旋入端长度 b_m 与零件材料有关，钢或青铜取 $b_m = d$，铸铁取 $b_m = 1.25d$ 或 $b_m = 1.5d$，铝合金取 $b_m = 2d$。

双头螺柱加工时，被连接件的螺纹孔深度应大于旋入端的长度 b_m。

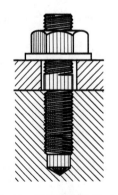

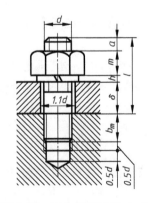

图 4-46　双头螺柱连接（一）

图 4-47　双头螺柱连接（二）

4.6.3　键连接和销连接

1. 键连接

键用于连接轴和轴上的传动件（如齿轮、带轮等），使轴和传动件不发生相对转动，以传递转矩或旋转运动，如图4-48所示。

（1）常用键　常用键的形式有普通平键、半圆键和钩头楔键。普通平键分A型、B型和C型，如图4-49a所示。普通平键是以键的两个侧面为工作面，起传递转矩的作用。半圆键（见图4-49b）和普通平键一样，用键的两个侧面传递转矩，其优点是键及轴上键槽的加工、装配方便，其缺点是轴上的键槽较深。钩头楔键（见图4-49c）的顶面为一个1:100的斜面，用于静连接，利用键的顶面和底面使轴上零件固定，不能沿轴向移动。钩头楔键的两侧为较松的间隙配合。它们的形式、尺寸、标记和连接画法，见表4-3。

图4-48　键连接

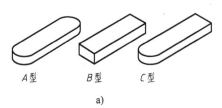 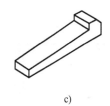

A型　　B型　　C型

a)　　　　　　　　　　　　b)　　　　　　c)

图4-49　键的形式

表4-3　常用键的形式、尺寸、标记和连接画法

名称及标准	形式及主要尺寸、标记	连接画法
普通平键A GB/T 1096—2003	标记 键 $b \times L$ GB/T 1096—2003	
半圆键 GB/T 1099.1—2003	标记 键 $b \times d_1$ GB/T 1099.1—2003	

（续）

名称及标准	形式及主要尺寸、标记	连接画法
钩头楔键 GB/T 1565—2003	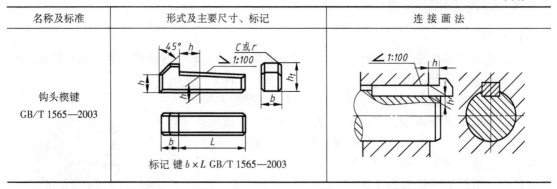 标记 键 $b \times L$ GB/T 1565—2003	

轴和轮毂上键槽的表示和尺寸标注，如图 4-50 所示，键和键槽尺寸可根据轴的直径由附录查得。轮毂上的键槽一般是用插刀在插床上加工的（见图 4-51a），轴上的键槽一般在铣床上加工（见图 4-51b、c）。键槽的尺寸应与键的尺寸相一致，键槽的深度要按国家标准查表确定。

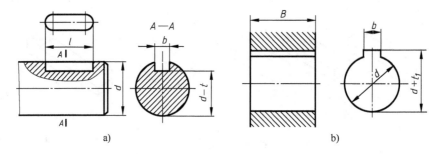

图 4-50　键槽尺寸标注

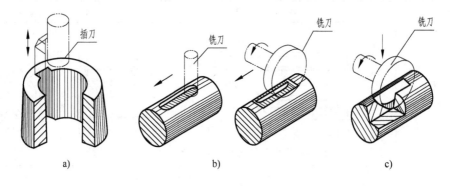

图 4-51　键槽的加工
a）嵌圆头平键用　b）嵌方头平键用　c）嵌半圆键用

（2）花键　花键具有传递转矩大、连接强度高、工作可靠、同轴度和导向性好等优点，是机床、汽车等变速器中常用的传动轴。花键的齿形有矩形、渐开线等。常用的是矩形花键，可根据轴径大小来选用，如图 4-52 所示。图 4-53 所示为汽车零件中半轴上的花键结构。

图 4-52　花键 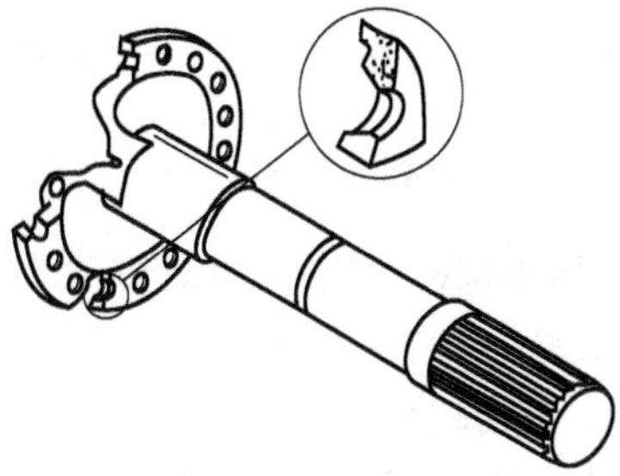　　　　　　　　　　图 4-53　汽车零件中半轴上的花键结构

2. 销连接

销在机械设备中，主要用于定位、连接和锁定。销为标准件，其规格、尺寸可以从有关国家标准中查得。常用的是圆柱销和圆锥销。表 4-4 列出了常用销的标准号、形式、标记和连接图。

表 4-4　常用销的标准号、形式、标记和连接图

名称及标准	形式及主要尺寸、标记	连　接
圆柱销 GB/T 119.2—2000	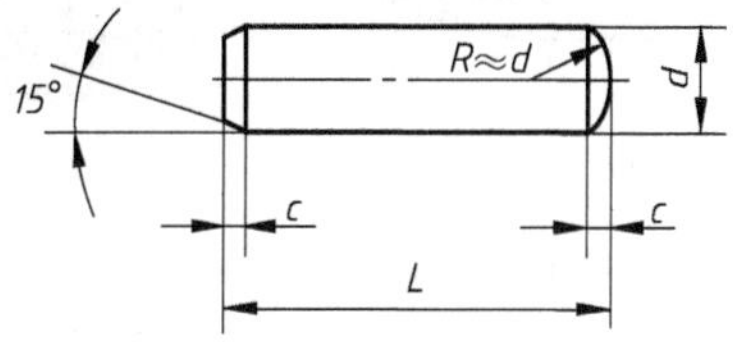 标记 A 型圆柱销：销 GB/T 119.2　$d \times L$	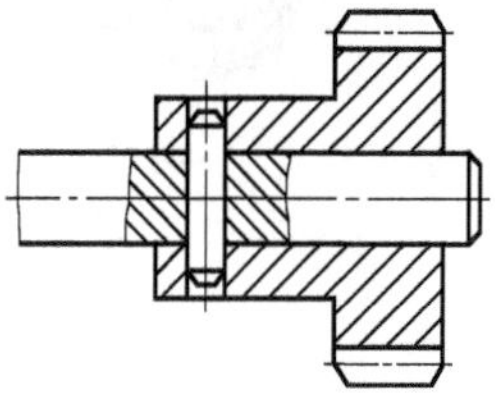
圆锥销 GB/T 117—2000	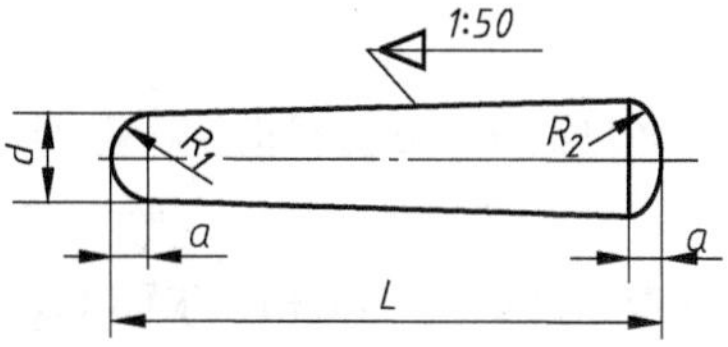 标记 A 型圆锥销：销 GB/T 117　$d \times L$	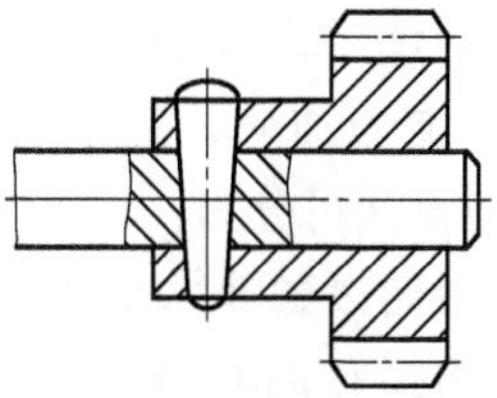
开口销 GB/T 91—2000	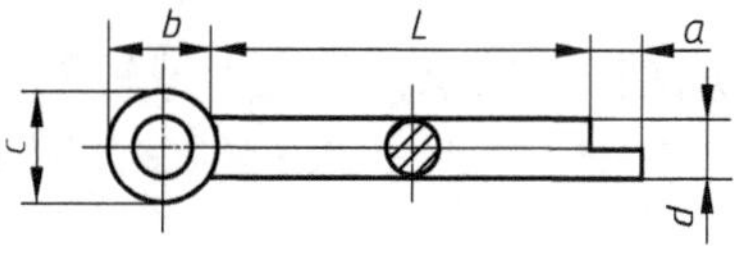 标记 销 GB/T 91　$d \times L$	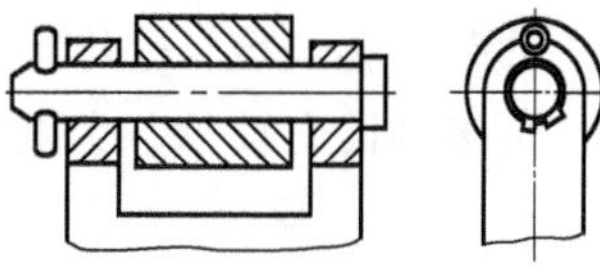

圆柱销或圆锥销的装配要求较高，用销连接和定位的两个零件上的销孔，一般需一起加

工，并在相应的零件图上注写"装配时配作"或"与××件配作"。圆锥销的公称直径是小端直径。开口销的公称直径指与之相配的销孔直径，故开口销公称直径都大于其实际直径。

4.6.4 滚动轴承

滚动轴承是用来支承旋转轴的标准组件。它将滑动摩擦形式转变成滚动摩擦形式，具有摩擦阻力小、结构紧凑、旋转精度高、使用和维护方便等优点，在机械设备中应用广泛。

1. 滚动轴承的结构

滚动轴承种类很多，但其结构大体相同，一般是由外圈、内圈、滚动体和保持架组成，如图 4-54 所示。其外圈装在机座的孔内，内圈套在转动轴上。在一般情况下，外圈固定不动，内圈随轴转动。

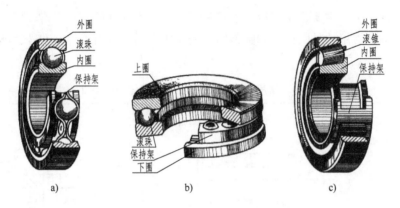

图 4-54　常用的滚动轴承
a）深沟球轴承　b）推力球轴承　c）圆锥滚子轴承

2. 滚动轴承的分类

滚动轴承的分类方法很多。按其承受载荷的载荷方向或公称接触角的不同，可分成向心轴承和推力轴承两大类。

（1）向心轴承　主要用于承受径向载荷的轴承，其公称接触角为 0°～45°。按公称接触角的不同，又可分为：

1）径向接触轴承。公称接触角为 0°的向心轴承，如深沟球轴承，如图 4-54a 所示。

2）角接触向心轴承。公称接触角为 0°（不含）～45°的轴承，如圆锥滚子轴承，如图 4-54c 所示。

（2）推力轴承　主要用于承受轴向载荷的滚动轴承，其公称接触角为 45°（不含）～90°。按公称接触角的不同，又分为：

1）轴向接触轴承。公称接触角为 90°的推力轴承，如推力球轴承，如图 4-54b 所示。

2）角接触推力轴承。公称接触角大于 45°但小于 90°的推力轴承，如推力角接触球轴承。

为了区别不同类型、结构、尺寸和精度的轴承，GB/T 272—2017 规定了轴承代号。对于常用的结构上没有特殊要求的轴承，轴承代号由类别代号、尺寸系列代号（由宽度或高度系列代号和直径系列代号组成）、内径代号和公差等级代号组成，并按上述顺序由左向右依次排列。

3. 滚动轴承的代号

常用滚动轴承用五位数字和公差等级代号表示：左起第一位数字表示轴承类型，如6表示深沟球轴承，3表示圆锥滚子轴承，5表示推力球轴承；左起第二位数字是宽度或高度系列代号；左起第三位数字是直径系列代号；左起第四、五位数字是轴承内径代号，00、01、02、03分别表示内径 d 为10mm、12mm、15mm、17mm，04及以上表示内径的尺寸为该两位数字与5的乘积。以上内径代号不能表示的内径尺寸，则在直径系列代号后加斜杠"/"，然后直接标注内径尺寸，要了解它们的详细资料，请查阅有关国家标准或附录。

下面举例说明滚动轴承代号的含义：

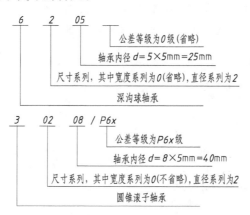

4.6.5　齿轮

齿轮是机械传动中应用最为广泛的一种传动件，用于传递动力、变换速度或改变运动方向。齿轮按传动形式可分为三类，如图4-55所示。

1）圆柱齿轮：用于两平行轴之间的传动。

2）锥齿轮：用于两相交轴之间的传动。

3）蜗杆蜗轮：用于两交错轴之间的传动。

本节仅以直齿圆柱齿轮为例，介绍齿轮各部分的名称、参数和尺寸关系，锥齿轮和蜗杆蜗轮的基本知识可在"机械原理"和"机械设计"课程中学习。

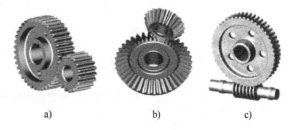

图4-55　常见齿轮的形式
a）圆柱齿轮　b）锥齿轮　c）蜗杆蜗轮

如图4-56所示，直齿圆柱齿轮的各部分名称、参数尺寸如下：

1）齿数：表示轮齿的个数，用 z 表示。

2）分度圆：对于标准齿轮，在齿厚和齿间相等时所在的圆称为分度圆，其直径用 d 表示。

3）齿顶圆：齿轮轮齿顶部所在的圆称为齿顶圆，其直径用 d_a 表示。

4）齿根圆：齿轮轮齿根部所在的圆称为齿根圆，其直径用 d_f 表示。

5）齿距：分度圆上相邻两齿对应点之间的弧长，称为齿距，用 p 表示。

6）模数：齿轮的一个重要参数，用 m 表示。它是这样定义的：分度圆周长 = $zp = \pi d$，则有 $d = \dfrac{p}{\pi} \times z$。令 $\dfrac{p}{\pi} = m$，m 即为模数。为便于设计制造，齿轮模数已标准化，见表4-5。

表4-5　齿轮标准模数（摘自 GB/T 1357—2008）　　　　　　　（单位：mm）

第一系列	1　1.25　1.5　2　2.5　3　4　5　6　8　10　12　16　20　25　32　40　50
第二系列	1.125　1.375　1.75　2.25　2.75　3.5　(3.75)　4.5　5.5　(6.5)　7　9　11　14　18　22　28　36　45

注：选取模数时，优先采用第一系列，应避免采用第二系列，括号内模数尽可能不用。

7）压力角：两啮合齿轮的齿廓在接触点处的公法线（受力方向）与两分度圆的公切线（运动方向）所夹的锐角，称为压力角，用 α 来表示，如图4-56所示。我国国家标准规定，标准齿轮的压力角为20°。

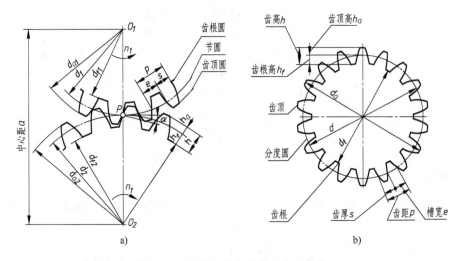

图4-56　圆柱齿轮各部分名称及参数

标准直齿圆柱齿轮的几何计算式见表4-6。设计齿轮时，先要确定模数 m 和齿数 z，其他有关尺寸都根据这两个基本参数按照表4-6所列公式计算得出。

表4-6　标准直齿圆柱齿轮几何计算式

名　称	符　号	计 算 公 式
模数	m	按 GB/T 1357—2008 选取
分度圆直径	d	$d = mz$
齿距	p	$p = \pi m$
齿顶高	h_a	$h_a = m$
齿根高	h_f	$h_f = 1.25m$
齿高	h	$h = h_a + h_f = 2.25m$
齿顶圆直径	d_a	$d_a = m\,(z + 2)$
齿根圆直径	d_f	$d_f = m\,(z - 2.5)$
中心距	a	$a = m\,(z_1 + z_2)/2 = (d_1 + d_2)/2$

4.6.6 弹簧

弹簧主要用于减振、夹紧和复位等。常用弹簧有压缩弹簧、拉伸弹簧、扭转弹簧和平面蜗卷弹簧等，如图4-57所示。对这些弹簧的结构形式、尺寸、精度、材料、表面处理和标记等均有规定，选用时可查阅相关国家标准。这里重点介绍圆柱螺旋压缩弹簧名称及参数。

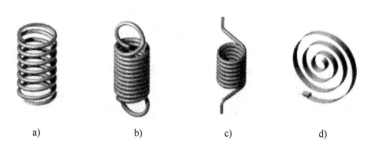

图4-57　常用弹簧

a）压缩弹簧　b）拉伸弹簧　c）扭转弹簧　d）平面蜗卷弹簧

1. 圆柱螺旋压缩弹簧的参数

（1）材料直径 d　表示弹簧丝的直径。

（2）弹簧外径 D_2　表示弹簧的最大外径。

（3）弹簧内径 D_1　表示弹簧内圈的直径，$D_1 = D_2 - 2d$。

（4）弹簧中径 D　表示弹簧的平均直径，$D = D_2 - d$。

（5）节距 t　除支承圈外，相邻两圈对应点之间的轴向距离。

（6）有效圈数 n、支承圈数 n_2 和总圈数 n_1　为使圆柱螺旋压缩弹簧工作时受力均匀，增加弹簧的平稳性，弹簧两端须并紧、磨平。并紧、磨平的各圈是起支承作用的，称支承圈数，支承圈数用 n_2 表示。保持相等节距的圈数称为有效圈数 n。总圈数为有效圈数与支承圈数的和，$n_1 = n + n_2$。

（7）自由高度 H_0　不受外力作用时弹簧的高度，$H_0 = nt + (n_2 - 0.5)d$。

（8）旋向　弹簧分为左旋和右旋，常用右旋。

（9）展开长度 L　坯料的长度 $L \approx n_1 \sqrt{(\pi D)^2 + t^2}$。压缩弹簧各部分尺寸如图4-58所示。

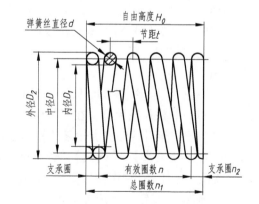

图4-58　压缩弹簧各部分尺寸

2. 圆柱螺旋压缩弹簧的标记

圆柱螺旋压缩弹簧标记的组成规定如下：

| 名称代号 | 型式代号 | $d \times D \times H_0$ — | 精度代号 | 旋向代号 | 标准号 | 材料牌号—表面处理 |

［例4-1］　YB型右旋弹簧，材料直径为 25mm，弹簧中径为 100mm，自由高度为

250mm，精度等级为3级，材料为60Si2MnA，表面涂漆处理。试给出该弹簧标记。

解：该弹簧的标记为：YB　25×100×250　GB/T 2089

4.6.7 标准件建模

1. 螺纹

在产品设计时，当需要制作产品的工程图时，应选择符号螺纹；如果不需要制作产品的工程图，而是需要反映产品的真实结构（如产品的广告图和效果图），则选择详细螺纹。下面将以创建详细螺纹为例，详细介绍创建螺纹的操作方法。

在菜单栏中选择【插入】→【设计特征】→【螺纹】选项。系统弹出【螺纹】对话框，选择【详细】，定义螺纹的放置面。在绘图区中，选择柱面为放置面。此时系统会自动生成螺纹的方向矢量。单击【选择起始】按钮，选择圆柱顶面为螺纹的起始面。在【起始条件】下拉列表框中选择【从起始处延伸】选项，单击【螺纹轴反向】按钮，改变螺纹轴线方向。单击【确定】按钮，通过以上步骤即可完成创建螺纹的操作，如图4-59所示。

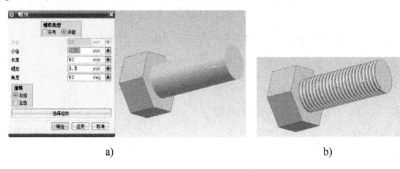

a)　　　　　　　　　　　　　　　　　　b)

图 4-59　螺纹的创建

a)【螺纹】对话框　b）详细螺纹

详细螺纹每次只能创建一个，而符号螺纹可以创建多组，而且创建时需要的时间较少。在最初系统弹出【螺纹】对话框时是没有任何数据的，只有在选择了放置面后才有数据出现，也允许用户修改。

2. 齿轮

NX 软件提供了齿轮建模工具，可以用来创建直齿圆柱齿轮、斜齿圆柱齿轮和锥齿轮。下面以创建直齿圆柱齿轮为例，在菜单栏中选择【GC 工具箱】→【齿轮建模】→【圆柱齿轮】选项，系统弹出【渐开线圆柱齿轮参数】对话框，选择【创建齿轮】→【确定】→【直齿轮】→【外啮合齿轮】→【滚齿】→【确定】，选择标准齿轮，在此界面里输入齿轮相关参数，单击【确定】按钮，选择 ZC 轴作为矢量方向，单击【确定】按钮，再选择原点作为起始点，单击【确定】按钮即可创建直齿圆柱齿轮，如图4-60所示。

在【齿轮建模】中也可以创建其他类型的齿轮，如斜齿轮、锥齿轮及内啮合齿轮等，方法和直齿圆柱齿轮一样，只需要输入所需参数即可。

图 4-60　创建直齿圆柱齿轮

3. 弹簧

NX 软件提供了弹簧建模工具，可以用来创建压缩弹簧和拉伸弹簧等。下面以创建压缩弹簧为例，在菜单栏中选择【GC 工具箱】→【弹簧设计】→【圆柱压缩弹簧】选项，系统弹出【圆柱压缩弹簧】对话框，指定弹簧矢量方向和点，输入弹簧相关参数，单击【确定】按钮即可，如图 4-61 所示。

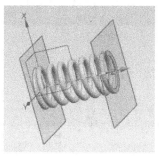

图 4-61　创建圆柱压缩弹簧

本 章 小 结

本章通过对一个零件的几何形状、尺寸大小、工艺结构和材料等进行分析和设计，将一个零件进行分解分析后即可在 NX 软件中正确地描述其相关特性。

1）了解零件中常见的铸造工艺和机械加工工艺中涉及的结构，包括铸造工艺的起模斜度、铸造圆角，机械加工工艺的倒角和圆角、退刀槽和砂轮越程槽等。

2）分析轴套类、盘盖类、叉架类和箱壳类等典型零件类型，发现每类零件的构形、表达方法和尺寸标注都有相似之处，在了解了这些典型类型的特征之后，掌握它们的建模方式。

3）通过本章 4.2 节中零件的铸造工艺结构和机械加工工艺结构的学习，学会在 NX 软件中创建这些结构的模型。

4）为了减少在 NX 软件中进行重复的操作，提高效率，掌握关联复制是主要途径。通过对已有的模型特征进行操作，创建与已有模型特征相关联的目标特征来实现关联复制。

5）标准件和常用件是工程制图中的主要部件，通过学习螺纹、螺纹紧固件和键等部件的结构形式、标注方法和绘制特征等方面的知识之后，学会在 NX 软件中创建这些标准件和常用件的模型。

第5章

工程图的基本知识及投影基础

【教学要点】

1）掌握国家标准对机械图样的各项规定，充分理解国家标准，并应用在机械图样的绘制中，使绘制的机械图样正确、规范、清晰。

2）熟悉技术制图和机械制图国家标准中有关图幅、格式、比例、字体和图线的规定，熟悉尺寸的标注。

3）熟悉几何作图的基本方法以及平面图形的绘制方法。

4）了解三视图的形成与投影规律。

5）掌握点、直线、平面的投影特性。

6）掌握基本体的三视图画法。

7）掌握平面与立体相交的截交线画法。

8）掌握立体与立体相交的相贯线画法。

9）熟悉正等轴测图和斜二等轴测图的画法。

5.1 国家标准关于机械制图的基本规定

技术制图国家标准是一项制图的基础技术标准，它涉及各行各业在制图中都应遵守的统一规范。机械制图国家标准是一项机械专业制图标准，其内容更具专业性。

国家标准简称国标，用汉语拼音首字母"GB"表示。国家标准分为强制性和推荐性标准。其中，推荐性标准在 GB 后加"/T"，字母后两组数字分别表示标准顺序号和标准发布的年份。如"GB/T 14689—2008"指推荐性国家标准，标准顺序号为 14689，标准发布的年份为 2008 年。本节介绍技术制图和机械制图国家标准中有关图纸幅面及格式、比例、字体、图线和尺寸注法等基本规定。

1. 图纸幅面和格式

（1）图纸幅面（GB/T 14689—2008） 绘制技术图样时，应优先选用表 5-1 中所列的图纸幅面尺寸。必要时，也允许（选用）按规定的方法加长、加宽幅面。

绘制图样时，图纸可横放，也可以竖放。需要装订的图样，其图框格式如图 5-1 所示。当图样不需要留装订边时，其图框格式如图 5-2 所示，此时周边尺寸均为 e，其数值见表 5-1。图样中图框线要用粗实线绘制。

表 5-1　图纸幅面尺寸　　　　　　　　　　（单位：mm）

幅 面 代 号	A0	A1	A2	A3	A4
$B \times L$	841×1189	594×841	420×594	297×420	210×297
c	10			5	
a	25				
e	20		10		

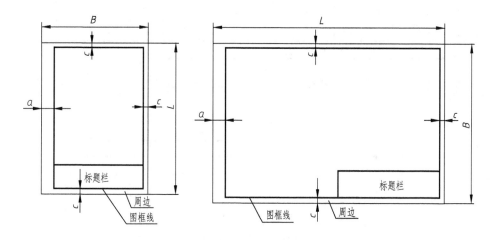

图 5-1　需要装订时的图框格式

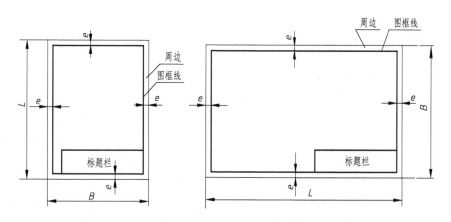

图 5-2　不需要装订时的图框格式

（2）标题栏（GB/T 10609.1—2008）　标题栏位于图样的右下角，每张图样中均应有标题栏。标题栏中的文字方向一般为看图方向。工业生产中标题栏的格式与尺寸如图 5-3 所示。制图作业中可采用图 5-4 所示的简化格式及尺寸。图 5-4 中标题栏及明细栏的边框线用粗实线绘制，框内分栏线用细实线绘制。

2. 比例（GB/T 14690—1993）

比例是指图中图形与其实物相应要素的线性尺寸之比。

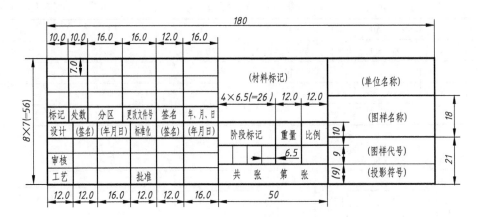

图 5-3　国家标准规定的标题栏格式

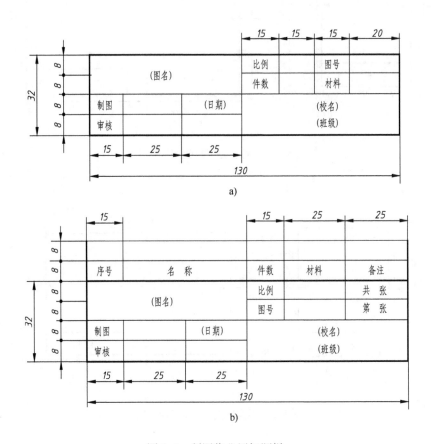

图 5-4　制图作业用标题栏

a）零件图标题栏　b）装配图标题栏及明细栏

　　1）绘制图样时应采用表 5-2 中所列的比例，必要时也允许选取表 5-3 中所列的比例。为了可以由图上得到实物大小的真实概念，应尽量用 1∶1 原值比例画图。当机件不宜采用原值比例画图时，也可采用缩小或放大的比例画出。

表 5-2 规定绘图选用比例

种　　类	比　　例
原值比例	$1:1$
放大比例	$5:1$　$2:1$　$5 \times 10^n:1$　$2 \times 10^n:1$　$1 \times 10^n:1$
缩小比例	$1:2$　$1:5$　$1:10$　$1:2 \times 10^n$　$1:5 \times 10^n$　$1:1 \times 10^n$

注：n 为正整数

表 5-3 允许绘图选用比例

种　　类	比　　例
放大比例	$4:1$　$2.5:1$　$4 \times 10^n:1$　$2.5 \times 10^n:1$
缩小比例	$1:1.5$　$1:2.5$　$1:3$　$1:4$　$1:6$　$1:1.5 \times 10^n$　$1:2.5 \times 10^n$　$1:3 \times 10^n$　$1:4 \times 10^n$　$1:6 \times 10^n$

注：n 为正整数

2）图形无论采用放大或缩小比例画出，在标注尺寸时必须标注机件的实际尺寸，如图 5-5 所示。

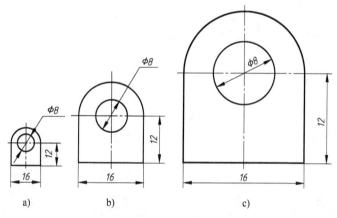

图 5-5 尺寸数字与画图比例无关

3）绘制同一机件的各个视图应尽量采用相同的比例，并在标题栏的比例一栏中填写，如 1:1。当某个视图需要采用不同的比例时，必须另行标注，如图 5-6 所示。

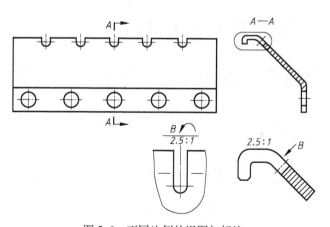

图 5-6 不同比例的视图加标注

4）当图形中孔的直径或薄片的厚度小于2mm以及斜度和锥度较小时，可不按比例而夸大画出。

3. 字体（GB/T 14691—1993）

图样中的汉字、数字、字母很重要，写得潦草，不仅会影响图样的清晰，而且还可能给生产带来差错，造成经济损失。因此，图样中书写的字体必须做到：字体工整、笔画清楚、间隔均匀、排列整齐。

字体的号数，即字体的高度（用 h 表示），分为1.8mm、2.5mm、3.5mm、5mm、7mm、10mm、14mm和20mm 8种。字体的宽度约等于 $h/2$。

（1）汉字　汉字应写成长仿宋体，并采用国家正式公布推行的简化字。汉字的高度 h 不应小于3.5mm。书写长仿宋体汉字的要领是：横平竖直、注意起落、结构匀称、填满方格。汉字的基本笔画如图5-7所示。

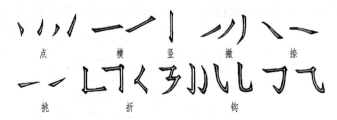

点
横
竖
撇
捺
挑
折
钩

图5-7　汉字基本笔画

汉字通常由几部分组成。为使书写的汉字左右均衡、上下协调，书写时应恰当地分配各组成部分的比例，布置合理，如图5-8所示。图5-9所示为长仿宋体汉字示例。

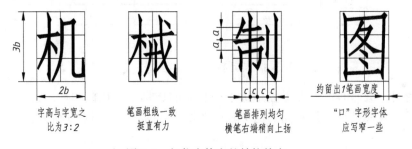

3b
2b
a
a
c c c c
约留出1笔画宽度
字高与字宽之
比为3:2
笔画粗线一致
挺直有力
笔画排列均匀
横笔右端稍向上扬
“口”字形字体
应写窄一些

图5-8　长仿宋体字的结构特点

字体工整　笔画清楚　间隔均匀　排列整齐

横平竖直　结构均匀　注意起落　填满方格

技术制图机械电子汽车航空船舶

土木建筑矿山井坑港口纺织服装

图5-9　长仿宋体汉字示例

（2）字母和数字　字母和数字分 A 型和 B 型。A 型字体的笔画宽度（d）为字高（h）的 1/14，B 型字体的笔画宽度（d）为字高（h）的 1/10。在同一图样上，只允许选用一种形式的字体。

字母和数字有直体和斜体两种，常用的是斜体。斜体字字头向右倾斜，与水平方向成 75°。字母及数字示例如图 5-10 所示。

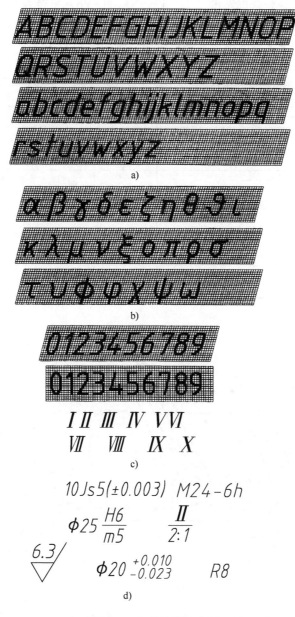

图 5-10　字母及数字示例

a）拉丁字母大小写　b）希腊字母小写　c）阿拉伯数字及罗马数字　d）综合应用

4. 图线及画法（GB/T 17450—1998、GB/T 4457.4—2002）

为了使图样清晰、图线含义明确，对图线的形式及画法均做了必要的规定。

（1）图线的宽度　图线的宽度（d）应按图样的类型和尺寸大小在下列数系中选择：0.13mm、0.18mm、0.25mm、0.35mm、0.5mm、0.7mm、1mm、1.4mm 和 2mm。该数系的公比为 $1:\sqrt{2}$（取 $1:1.4$）。图线分粗线和细线，其宽度比率为 $2:1$。在同一图样中，同类图线的宽度应一致。

（2）机械图样中的图线形式及应用　在绘制图样时，应采用如表 5-4 中所列的图线。图线分粗线和细线两种，粗线的宽度（d）应按图样的大小及复杂程度适当选择。

表 5-4 列出了常用各种图线的形式、宽度及主要用途。由于图样复制中所存在的困难，应避免采用 0.18mm 以下宽度的图线。图线应用举例如图 5-11 所示。

表 5-4　图线的形式、宽度及主要用途

名　称	形　式	宽　度	主　要　用　途
粗实线	———	d	可见棱边线、可见轮廓线等
细实线	———	$d/2$	尺寸线、尺寸界线、剖面线、引出线等
波浪线	～～～	$d/2$	断裂处的边界线、视图和剖视的分界线等
双折线	─╱─╱─	$d/2$	断裂处的边界线等
细虚线	$3d$ $12d$	$d/2$	不可见棱边线、不可见轮廓线
细单点画线	$24d$ $3d$ ≤$0.5d$	$d/2$	轴线、对称中心线等
细双点画线	$24d$ $3d$ ≤$0.5d$	$d/2$	可动零件的极限位置的轮廓线等

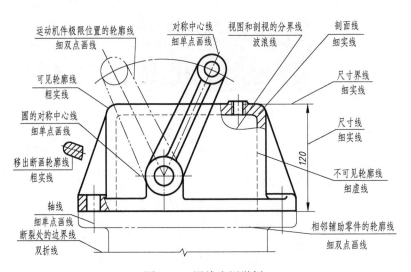

图 5-11　图线应用举例

（3）图线的画法及注意的问题　图 5-12 所示为图线的画法，应注意以下几个问题。

1）同一图样中同类图线的宽度应一致。虚线、细单点画线及细双点画线的线段长度和间隔应各自大致相等。

2）两条平行线（包括剖面线）之间的距离应不小于图线的两倍宽度，其最小距离不得小于 0.7mm。

3）绘制圆的对称中心线时，圆心应为长画段的交点，其首末两端应是长画段。

4）在较小的图线上，绘制细单点画线困难时，可用细实线代替。

5）当粗实线、细虚线和细单点画线相互重叠时，画线的优先顺序为：粗实线、细虚线和细单点画线。

6）细虚线、细单点画线及细双点画线与其他图线相交时，都应在长画段处相交。

7）当虚线是粗实线的延长线时，粗实线应画到分界点，留有空隙再画虚线。当虚线圆弧与虚线直线相切时，虚线圆弧应画到切点，而留有空隙再画虚线直线。

8）轴线、对称中心线以及细双点画线作为中断线时，应超出相应轮廓线 2～5mm。

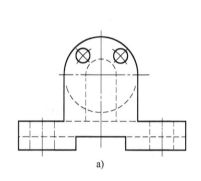
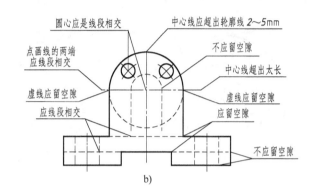

图 5-12　图线的画法
a）正确　b）错误

5. 尺寸标注（GB 4458.4—2003）

（1）基本原则

1）机件的真实大小应以图样上所标注的尺寸数值为依据，与图形的大小及绘图的准确度无关。

2）图样中（包括技术要求和其他说明）的尺寸，以 mm 为单位时，不需标注单位符号（或名称），如采用其他单位，则应注明相应的单位符号。

3）图样中所标注的尺寸，为该图样所示机件的最后完工尺寸，否则应另加说明。

4）机件的每一尺寸，一般只标注一次，并应标注在反映该结构最清晰的图形上。

（2）尺寸标注的组成　一个完整的尺寸是由尺寸数字、尺寸线、箭头和尺寸界线组成，如图 5-13 所示。

1）尺寸数字，用来表示所注机件尺寸的实际大小。在机械图样中国家标准推荐尺寸数字采用 3.5mm 字、斜体，如图 5-13 所示。尺寸数字不可被任何图线所通过，否则必须将该图线断开，如图 5-14 所示。

2）尺寸线，用来表示尺寸度量的方向。尺寸线用细实线绘制。尺寸线应与所标注的线段平行。尺寸线不能用其他图线代替，不得与其他图线重合或画在其延长线上。尺寸线与图线及尺寸线之间距离应在 7～10mm 之间，如图 5-13 和图 5-14 所示。

3）箭头，是尺寸线终端的一种形式，它适用于各种类型的图样，其画法要求如图 5-15 所示。

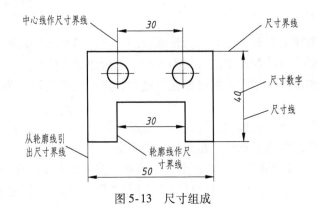

图 5-13　尺寸组成

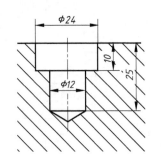

图 5-14　图线断开书写数字

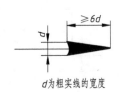

图 5-15　箭头的画法

4）尺寸界线，用来表示所注尺寸的范围。尺寸界线用细实线绘制，应由图形的轮廓线、轴线或对称中心线引出，也可以利用图形轮廓线、轴线或对称中心线作为尺寸界线。尺寸界线一般应与尺寸线垂直，并超出箭头末端2mm左右，箭头与尺寸界线刚好相交。

（3）尺寸标注的有关规定

1）线性尺寸标注。

① 数字。标注线性尺寸时，水平方向尺寸数字应注写在尺寸线上方数字头朝上，垂直方向数字写在尺寸线的左边数字头朝左，倾斜方向的尺寸数字要保持字头朝上的趋势，如图 5-16 所示。图 5-16a 中所示的30°范围内应尽量避免标注尺寸。当无法避免时，也可按图 5-16b 所示的形式之一标注。必要时也允许注写在尺寸线的中断处。

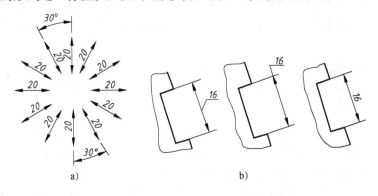

图 5-16　线性尺寸数字的标注

a）数字书写方向　b）30°内数字注写形式

② 尺寸线。标注线性尺寸时，尺寸线必须与所标注的线段平行。

2）角度尺寸标注。

① 数字。标注角度尺寸时数字一律水平方向书写，一般注写在尺寸线的中断处，如图 5-17a 所示。必要时也可按图 5-17b 所示的形式标注。

② 尺寸线。标注角度时，尺寸线应画成圆弧，其圆心是该角的顶点，如图 5-17 所示。

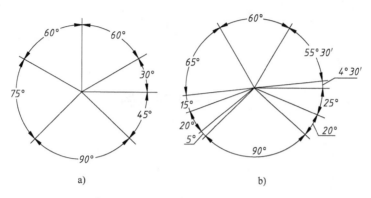

图 5-17　角度数字的注法

a）角度数字水平书写　b）角度数字注写形式

3）直径、半径尺寸标注。

① 标注直径尺寸时，应在尺寸数字前加注符号"ϕ"，标注半径时，应在尺寸数字前加注符号"R"；标注球的直径或半径时，应在符号"ϕ"或"R"前再加注符号"S"，如图 5-18 和图 5-19 所示。

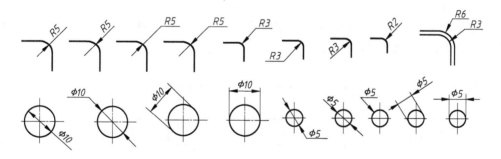

图 5-18　直径、半径尺寸标注

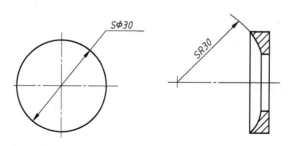

图 5-19　球尺寸标注

② 圆的直径和圆弧半径的尺寸注法如图 5-20 所示。当圆弧的半径过大无法标出圆心位置时，可按图 5-21a 的形式标注。若不需要标出圆心位置时，可按图 5-21b 的形式标出。

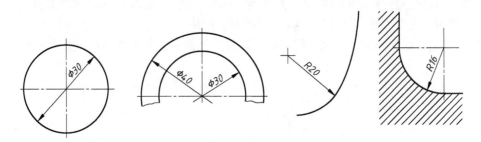

图 5-20　圆及圆弧的尺寸注法

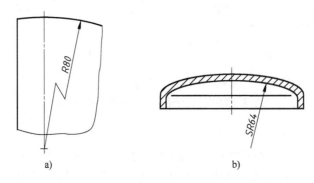

a)　　　　　　　　　　　　　　b)

图 5-21　大圆弧的尺寸注法

a）半径过大　b）不需标出圆心位置

③ 当需要指明半径尺寸是由其他尺寸所确定时，应用尺寸线和符号"R"标出，但不要注写尺寸数字，如图 5-22 所示。

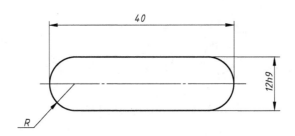

图 5-22　半径尺寸有特殊要求时的注法

④ 当以圆弧为尺寸界线标注直径尺寸和标注半径尺寸时，尺寸线一定通过圆心或指向圆心，如图 5-18 ~ 图 5-22 所示。

4）其他形式尺寸标注规定。

① 当对称机件的图形只画出一半或略大于一半时，尺寸线的一端画出箭头，另一端略超过中心线不必画出箭头，如图 5-23 所示。

② 当尺寸较小没有足够的位置画箭头或注写数字时，可按图 5-24 所示的形式标注。

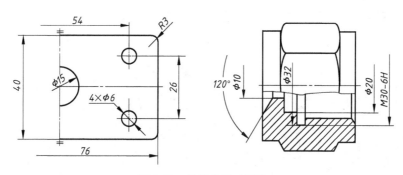

图 5-23 单箭头尺寸标注

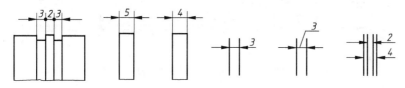

图 5-24 小尺寸标注

③ 必要时也允许尺寸线与尺寸界线倾斜，如图 5-25 所示。

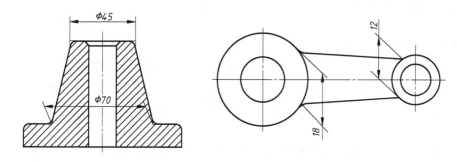

图 5-25 尺寸线与尺寸界线倾斜的标注

④ 标注弦长尺寸时如图 5-26a 所示。标注弧长尺寸时，应在尺寸数字左方加注符号
"⌒"，如图 5-26b 所示。

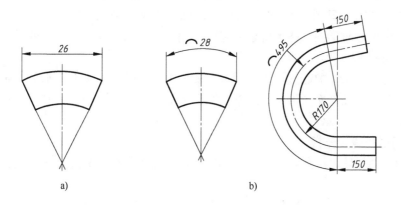

图 5-26 弦长和弧长的标注方法
a）弦长标注方法   b）弧长标注方法

（4）尺寸标注示例　图 5-27 中用正误对比的方法，指出了在标注尺寸时容易出现的错误。

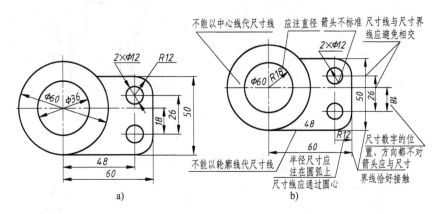

图 5-27　尺寸标注的正误对比
a）正确　b）错误

5.2　平面图形的画法

1. 平面图形的尺寸分析

平面图形是由若干直线和曲线封闭连接而成的，这些线段之间的相对位置和连接关系依据给定的尺寸确定。在画平面图形时，有些线段的尺寸是完全给定的，可以直接画出；有的线段要按照相邻线段的连接关系才能画出。因此绘图前，应对所作的图形进行尺寸分析，从而确定正确的作图方法和步骤。

平面图形中的尺寸，按其作用分为两类：定形尺寸和定位尺寸。

（1）定形尺寸　平面图形中确定各线段形状大小的尺寸称为定形尺寸。通常，确定几何图形所需定形尺寸的个数是一定的，如直线段的长度、圆的直径或半径、矩形的长和宽等。如图 5-28 中所示的，110mm、68mm、ϕ24mm、ϕ16mm 为定形尺寸。

（2）定位尺寸　平面图形中确定各线段之间相对位置的尺寸称为定位尺寸，如确定圆心位置的尺寸。如图 5-28 中所示的，80mm、50mm、20mm 为定位尺寸。

有时同一个尺寸对不同的图形要素所起的作用不同，从而同时具有两种属性：既是定形尺寸又是定位尺寸。

尺寸基准为标注尺寸的起点。平面图形需要两个方向的尺寸基准：水平方向尺寸基准和竖直方向尺寸基准。在平面图形中，通常以图形的对称中心线、圆的中心线及其他线段作为尺寸基准，如图 5-28 所示。

2. 平面图形的线段分析

平面图形中的线段，按所给定位尺寸和定形尺寸是否齐全，分为已知线段、中间线段和连接线段三种。

（1）已知线段　定位尺寸和定形尺寸齐全，可直接画出的线段，称为已知线段。如图 5-29 中所示的 40mm、26mm、8mm、38mm、2 × ϕ10mm、R7mm、R50mm 等。

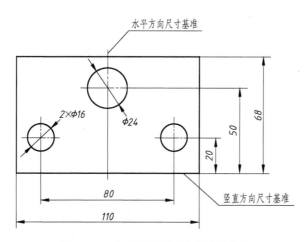

图 5-28　平面图形的尺寸及尺寸基准

（2）中间线段　只有定形尺寸和一个方向的定位尺寸的线段，称为中间线段。中间线段缺少一个定位尺寸。但作图时，只要与其一端的相邻线段已作出，就可以根据其连接关系画出中间线段。如图 5-29 中所示的 R9mm，只有一个高度方向的定位尺寸 12mm，缺少长度方向的定位尺寸，须依据与 R7mm 圆弧外切这个几何条件求出 R9mm 的圆心位置，从而画出 R9mm 圆弧。

（3）连接线段　只有定形尺寸，没有定位尺寸的线段称为连接线段。作图时，只有在其两端的相邻线段作出后，才能根据连接关系作出连接线段。如图 5-29 中所

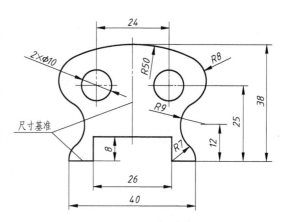

图 5-29　平面图形及其线段

示的 R8mm，缺少定位尺寸，须依赖与 R50mm 圆弧内切和与 R9mm 外切这个几何条件才能找出 R8mm 的圆心，再画出 R8mm 圆弧。

3. 平面图形的画法

［例 5-1］　以图 5-30 所示图形为例画图。画图时，应先画已知线段，再画中间线段，最后画连接线段。

解：画图步骤如下：

1）画出平面图形的基准线、定位线。

2）画已知线段。给出定形尺寸和定位尺寸齐全的线段，可以直接画出。如图 5-31 中所示的 ϕ6mm、ϕ14mm 均为已知线段。

3）画中间线段。注出定形尺寸和一个方向定位尺寸的线段，作图时需要依靠与相邻线段相切的几何关系求出另一定位尺寸，如图 5-31 中所示的 R25mm。

4）画连接线段。只有定形尺寸而没有定位尺寸的线段，作图时需要依靠与其两端相邻线段相切的几何关系用几何作图的方法画出，如图 5-31 中所示的 R15mm。

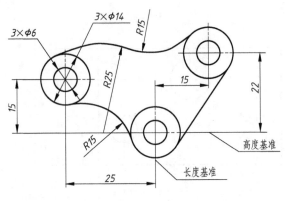

图 5-30　平面图形

5）检查全图，擦去多余的作图线，按线型要求加深图线。

6）标注尺寸。

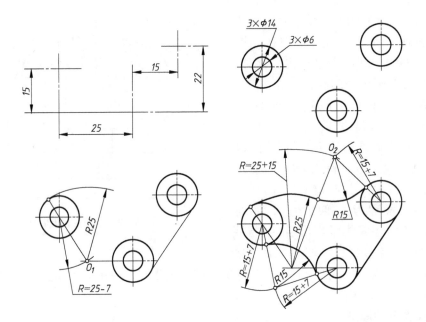

图 5-31　画图步骤

4. 平面图形的尺寸标注

图形与尺寸的关系极为密切，能不能正确地画出图形，要看图样中所注尺寸是否齐全。标注平面图形的尺寸时，应遵守国家标准中的有关规定，注出平面图形的全部定形尺寸和必要的定位尺寸，如图 5-32 所示。

（1）标注尺寸的方法和步骤

1）分析图形结构，确定尺寸基准。较复杂的图形在一个方向上可能有多个基准，应确定一个为主要基准，其他为辅助基准。

2）标注各部分的定形尺寸和定位尺寸。

（2）标注尺寸的要求　尺寸标注要做到正确、完整、清晰。

正确——要按照国家标准中有关规定进行标注。

完整——尺寸要标注齐全，既不能遗漏，也不要多余，必须是唯一地确定图形上各部分结构的形状大小及位置。

清晰——为了方便看图，一般将尺寸安排在明显处。相平行的几个尺寸将小尺寸安排在里（靠近图形），大尺寸安排在外，避免尺寸线与尺寸界线相交。尺寸布局要合理整齐。

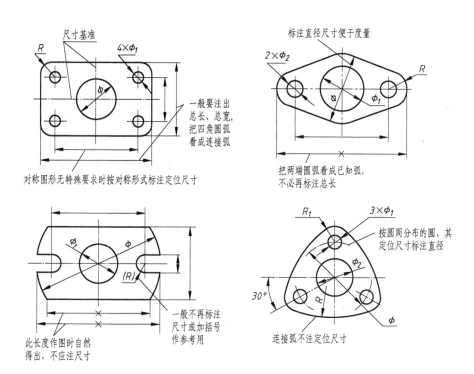

图 5-32　平面图形尺寸注法示例

5.3　投影法基础

5.3.1　投影法的概念

物体在光线的照射下，会在地面或墙壁上产生影子，这个影子称为投影。工程界广泛采用投影的方法表达物体，以实现三维物体与二维图形的相互转换。

如图 5-33 所示，光源 S 为投射中心，平面 P 为投影面，A、B、C 为空间物体上的点，连接 SA 并延长与 P 平面相交于 a 点，形成 SAa 投射线，a 即为空间点 A 在投影面 P 上的投影。Sa 称为投射方向。

由于一条直线只能与平面至多相交于一点，因此当投射方向和投影面确定以后，点在该投影面上的投影是唯一的。

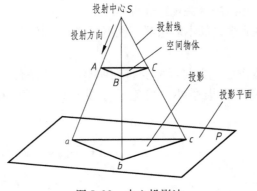

图 5-33　中心投影法

5.3.2　投影法的分类

1. 中心投影法

投射线交汇于一点的投影法称为中心投影法，图 5-33 中所示的就是中心投影。中心投影法常用于绘制建筑物的透视图。日常生活中，常见的照相、电影、艺术绘画和人的眼睛看立体都是中心投影现象。

2. 平行投影法

投射线相互平行的投影法称为平行投影法。平行投影法按投射方向与投影面是否垂直，可分为斜投影法和正投影法两种，如图 5-34 所示。

1）投射线与投影面相垂直的平行投影法称为正投影法，如图 5-34a 所示。

2）投射线与投影面相倾斜的平行投影法称为斜投影法，如图 5-34b 所示。

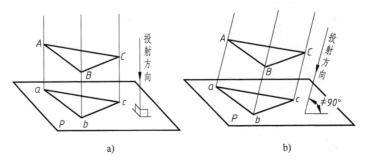

图 5-34　平行投影法
a）正投影法　b）斜投影法

在实际工程中，工程图样主要采用正投影法绘制，特别是绘制多面正投影图。因为只有正投影才能满足工程技术界的要求：图形与物体形状保持一一对应。同时，正投影图形清晰、准确，易于测量其几何元素之间的相对位置，人们需要掌握投影知识才能绘制和阅读多面正投影图。下文不特别说明的投影法均是指正投影法。

5.3.3　平行投影的性质

1. 真实性

当空间直线或平面与投影面平行时，其投影反映实长或平面实形，如图 5-35a 中直线

AB 的投影 ab，如图 5-36a 中 $\triangle ABC$ 的投影 $\triangle a'b'c'$。

2. 积聚性

当空间直线或平面与投影面垂直时，则直线的投影积聚为一个点，平面的投影积聚为一条直线。点的不可见投影加括号，如图 5-35b 所示直线 CD 的投影 c（d），如图 5-36b 中 $\triangle ABC$ 的投影 $\triangle a'b'$（c'）。

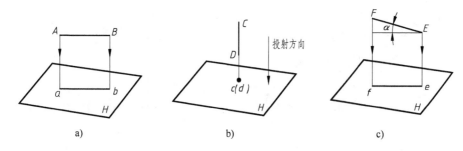

图 5-35　直线的正投影性质
a）真实性　b）积聚性　c）类似性

3. 类似性

当空间直线或平面与投影面倾斜时，则直线的投影仍为直线但长度缩短；平面的投影仍为类似形但面积变小。如图 5-35c 中直线 EF 的投影 ef，如图 5-36c 中 $\triangle ABC$ 的投影 $\triangle a'b'c'$。

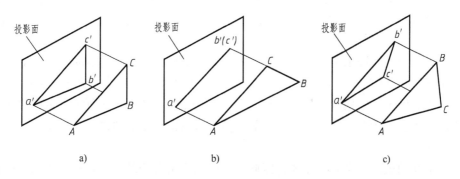

图 5-36　正投影性质
a）真实性　b）积聚性　c）类似性

5.4　三投影面体系及三视图投影规律

1. 三投影面体系

图 5-37 所示两个形状不同的立体，在同一投影面上所得的投影是相同的。这说明仅有一个投影是不能唯一地反映立体的空间形状的。因此，要使投影图能确切而唯一地反映立体的空间形状，有必要建立一个多投影面体系。通常把立体放在由三个互相垂直的平面所组成的投影面体系中（简称三投影面体系），以便得到能完整地表达立体空间形状的图样。

如图 5-38 所示，由互相垂直的三个投影面把空间分成八个部分，每部分为一个分角，依次为Ⅰ、Ⅱ、Ⅲ、Ⅳ、Ⅴ、Ⅵ、Ⅶ、Ⅷ分角。我国国家标准规定：生成技术图样时优先采用第一分角建立投影，即将立体置于第一分角内进行投射。本书以介绍第一分角投影为主，下文凡不做特别说明的投影都是第一分角投影。

图 5-37　不同立体的相同投影

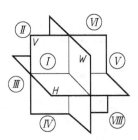

图 5-38　三投影面体系

2. 三视图的形成及其投影规律

在三投影面体系中，三个投影面分别称为正面（用 V 表示）、水平面（用 H 表示）和侧面（用 W 表示）。立体在三个投影面上的投影分别称为正面投影、水平投影和侧面投影。

在机械制图中，把立体的多面正投影称为视图。机械制图国家标准规定：立体的正面投影称为主视图，水平投影称为俯视图，侧面投影称为左视图。国家标准还规定：在视图中，立体的可见轮廓线用粗实线表示，不可见的轮廓线用细虚线表示，如图 5-39a 所示的左视图。

为了使三个视图能展示在一张图纸上，国家标准规定：V 面保持不动，H 面绕 V 面和 H 面的交线向下旋转 90° 后与 V 面重合；W 面绕 V 面和 W 面的交线向后旋转 90° 后与 V 面重合，如图 5-39b 所示。这样就得到在同平面上的三视图，如图 5-39c 所示。生成时注意在三视图中不画投影面的边框线，各视图之间的距离可根据图纸幅面适当确定，也不注写视图名称，如图 5-39d 所示。

由于三个视图表示的是同一立体，因此三视图是不可分割的一个整体。根据三个投影面的相对位置及其展开的规定，三视图的位置关系是：以主视图为准，俯视图在主视图的正下方，左视图在主视图的正右方。如果把立体左右方向的尺寸称为长，前后方向的尺寸称为宽，上下方向的尺寸称为高，那么，主视图和俯视图都反映了立体的长度，主视图和左视图都反映了立体的高度，俯视图和左视图都反映了立体的宽度。因此，三视图之间存在着下述关系：

主视图与俯视图——长对正；

主视图与左视图——高平齐；

俯视图与左视图——宽相等。

"长对正、高平齐、宽相等"是三视图之间的投影规律，不仅适用于整个立体的投影，而且也适用于立体中每一局部的投影。如图 5-39 中所示的立体 V 形缺口的三个投影，也同样符合这一基本投影关系。生成投影时应该特别注意立体的前后位置在视图上的反映：在俯视图和左视图中，靠近主视图的一边表示立体的后面，远离主视图的一边表示立体的前面。

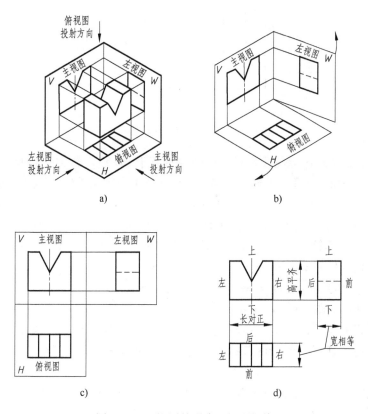

图 5-39　三视图的形成和投影规律

5.5　基本几何元素的投影

在日常生活和工程实际中，点、线、面作为最基本的几何元素，可以集合成一切有形的物体，因此掌握点、直线和平面的投影规则和特性，是准确绘制工程图的基础。本节将介绍空间几何元素点、直线和平面的投影知识。

5.5.1　点的投影

1. 点的三面投影规律

设空间有一点 A，过 A 点分别向 V 面、H 面、W 面投影，即得点的三面投影，如图 5-40 所示。其中，所得垂足 a'、a、a'' 即为点 A 的正面投影、水平投影、侧面投影。

如果移去空间点 A，保持 V 面不动，将 H 面绕 OX 轴向下旋转 90°，W 面绕 OZ 轴向右旋转 90°，与 V 面处于同一平面，得到点 A 的三面投影图。这时，OY 轴被假想为两条，随 H 面旋转的称为 OY_H 轴，随 W 面旋转的称为 OY_W 轴。投影图中不必画出投影面的边界。

综上所述，点在投影面体系中的三面投影规律如下：

1）点 A 的正面投影 a' 与水平投影 a 的连线垂直于 OX 轴，即 $aa' \perp OX$。

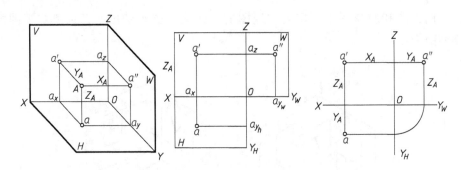

图 5-40 点的三面投影

2）点 A 的正面投影 a' 与侧面投影 a'' 的连线垂直于 OZ 轴，即 $a'a'' \perp OZ$。

3）点 A 的水平投影 a 到 OX 轴的距离 aa_x 等于点 A 的侧面投影 a'' 到 OZ 轴的距离 $a''a_z$，即 $aa_x = a''a_z$。

点的空间位置也可以用点的直角坐标来描述。如果把三个投影面看作三个坐标面，三根投影轴作为相应的坐标轴，则点 A 的投影图与其空间坐标（x，y，z）存在如下关系：

1）点 A 到 W 面的距离：$Aa'' = aa_y = a'a_z = Oa_x = x$。

2）点 A 到 V 面的距离：$Aa' = aa_x = a''a_z = Oa_y = y$。

3）点 A 到 H 面的距离：$Aa = a'a_x = a''a_y = Oa_z = z$。

可见，如果已知空间点的 x、y、z 坐标，就可以作出该点的三面投影；又因为每一投影反应点的两个坐标，所以只要知道点的两面投影，就可以得到点的三个坐标（x，y，z），即可画出第三面投影。

1）投影面上的点。位于投影面或投影轴上的点，在其所属投影面上的投影与空间点重合，另外两个投影位于投影轴上，如图 5-41 所示的 A 和 B。

2）投影轴上的点。位于投影轴上的点，其两个投影与空间点重合，且位于投影轴上，另一投影与原点 O 重合，如图 5-41 所示的点 C。

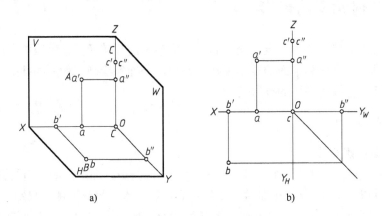

a)   b)

图 5-41 特殊位置点投影

a）立体图 b）投影图

2. 重影点

位于同一投射线上的两点，由于它们在投射线所垂直的投影面上的投影是重合的，所以称为重影点。如图 5-42 所示，因为点 C 和点 D 有如下关系：

$$X_C = X_D \text{、} Z_C = Z_D$$

所以它们的正面投影 c' 和 d' 重合为一点，故称点 C 和点 D 为对 V 面的一对重影点。

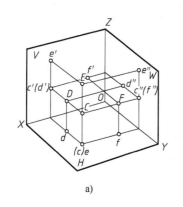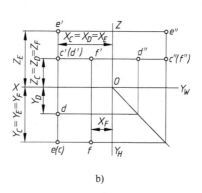

a)   b)

图 5-42   重影点
a）立体图   b）投影图

由于一对重影点有一个投影重合，在对该投影面投影时，存在一点遮住另一点的问题，即重合的投影存在着可见与不可见的问题。

点 E 和点 C 为对 H 面的重影点，由于点 E 的 Z 坐标大于点 C 的 Z 坐标，则点 E 遮住点 C。即点 E 的水平投影可见，点 C 的水平投影不可见（规定不可见投影加括号），但点 C 的其他投影仍可见。

点 C 和点 D 为对 V 面的重影点，由于点 C 的 Y 坐标大于点 D 的 Y 坐标，则点 C 遮住点 D。即点 C 的正面投影可见，点 D 的正面投影不可见，但点 D 的其他投影仍可见。

5.5.2 直线的投影

直线的投影一般仍为直线，特殊情况下，直线的投影可积聚成一点。作直线的投影时，可作出确定该直线的任意两点的投影，连接其同面投影，便可得到直线的投影。图 5-43 所示即为直线 AB 的三面投影。

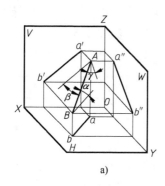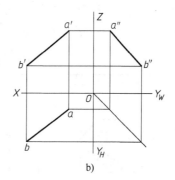

a)   b)

图 5-43   直线 AB 的三面投影
a）立体图   b）投影图

1. 各种位置直线及其投影特征

根据直线相对于投影面的位置不同，直线可分为三类：投影面平行线、投影面垂直线和一般位置直线。前两类统称为特殊位置直线。

直线与它的水平投影、正面投影、侧面投影的夹角，分别称为该直线对 H、V、W 面的倾角，分别用 α、β、γ 表示。

（1）一般位置直线　与三个投影面都倾斜的直线称为一般位置直线（投影面倾斜线）。如图 5-44 所示，一般位置直线 AB 对 H 面的倾角为 α；对 V 面的倾角为 β；对 W 面的倾角为 γ。则直线的实长、投影和倾角的关系是：

$$ab = AB\cos\alpha$$
$$a'b' = AB\cos\beta$$
$$a''b'' = AB\cos\gamma$$

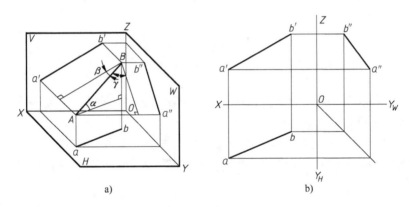

图 5-44　一般位置直线的三面投影

a）立体图　b）投影图

由此可得一般位置直线的投影特性：

1）三个投影都倾斜于投影轴。

2）投影长度小于线段的实长。

3）投影与投影轴的夹角，不反映直线对投影面的倾角。

（2）投影面平行线　平行于一个投影面的直线叫投影面平行线。平行于 V 面的叫正平线；平行于 H 面的叫水平线；平行于 W 面的叫侧平线，见表 5-5。

表 5-5　投影面平行线

平行线名称	正平线（$AB /\!/ V$ 面）	水平线（$AB /\!/ H$ 面）	侧平线（$AB /\!/ W$ 面）
立体图			

（续）

平行线名称	正平线（AB//V面）	水平线（AB//H面）	侧平线（AB//W面）
投影图			
投影特征	1. $a'b' = AB$ 2. $ab // OX$，$a''b'' // OZ$，ab、$a''b''$到轴线的距离等于 AB 线到 V 面的距离 3. 反映 α、γ 实角	1. $ab = AB$ 2. $a'b' // OX$，$a''b'' // OY_W$，$a'b'$、$a''b''$到轴线的距离等于 AB 线到 H 面的距离 3. 反映 β、γ 实角	1. $a''b'' = AB$ 2. $a'b' // OZ$，$ab // OY_H$，$a'b'$、ab 到轴线的距离等于 AB 线到 W 面的距离 3. 反映 α、β 实角

由表 5-5 可得投影面平行线的投影特性：

1）在平行的投影面上的投影，反映实长。

2）反映实长的投影与投影轴的夹角，分别反映空间直线对另两投影面的倾角。

3）在另外两个投影面上的投影，平行于相应的投影轴，并小于实长，且两投影到轴线的距离等于投影面平行线到所平行投影面的距离。

（3）投影面垂直线　垂直于一个投影面的直线叫投影面垂直线。垂直于 H 面的直线叫铅垂线；垂直于 V 面的叫正垂线；垂直于 W 面的叫侧垂线。垂直于一个投影面的直线，必然同时平行于另外两个投影面，见表 5-6。

表 5-6　投影面垂直线

垂直线名称	铅垂线（AB⊥H面）	正垂线（AB⊥V面）	侧垂线（AB⊥W面）
立体图			
投影图			

（续）

垂直线名称	铅垂线（AB⊥H面）	正垂线（AB⊥V面）	侧垂线（AB⊥W面）
投影特征	1. ab 积聚在一点 2. $a'b'⊥OX$，$a''b''⊥OY_W$ 3. $a'b' = a''b'' = AB$	1. $a'b'$ 积聚在一点 2. $ab⊥OX$，$a''b''⊥OZ$ 3. $ab = a''b'' = AB$	1. $a''b''$ 积聚在一点 2. $a'b'⊥OZ$，$ab⊥OY_H$ 3. $a'b' = ab = AB$

由表 5-6 可得投影面垂直线的投影特性：

1）在垂直的投影面上的投影，积聚为一点。

2）在另外两个投影面上的投影，反映实长并垂直于相应的投影轴。

2. 直线上的点

由平行投影的基本性质可知：若点在直线上，则点的各个投影必定在直线的同面投影上，且点分直线段之比在投影后仍保持不变。如图 5-45 所示，C 点位于直线 AB 上，C 点的水平投影 c 必在 ab 上，正面投影 c' 必在 $a'b'$ 上，侧面投影 c'' 必在 $a''b''$ 上，且有如下关系：

$$AC:CB = ac:cb = a''c'':c''b'' = a'c':c'b'$$

与此相反，若点的各个投影在直线的同面投影上，且分直线各投影长度成定比，则该点一定在此直线上。

这就是直线上点的投影特性。它既是直线上取点必须符合的投影规律，也是判别点是否在直线上的依据。

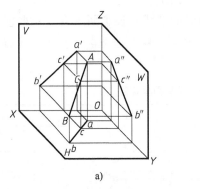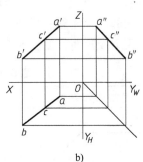

图 5-45　直线上的点的投影

a）立体图　b）投影图

3. 两直线的相对位置

两直线的相对位置有三种情况：平行、相交和交叉。平行和相交两直线均属于同一平面，而交叉两直线则不属于同一平面。

（1）两直线平行　若空间两直线相互平行，则其同面投影必相互平行。如图 5-46 所示，直线 $AB \parallel CD$，过 AB 及 CD 向投影面 H 所作的两个投射面 $ABba$ 和 $CDdc$ 互相平行，它们与 H 面的交线 ab 和 cd 也一定平行，这样就有 $ab \parallel cd$。同理可得 $a'b' \parallel c'd'$，$a''b'' \parallel c''d''$。与此相反，若两直线的同面投影都互相平行，则两直线在空间一定互相平行。

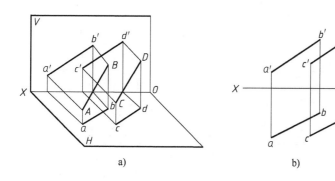

图 5-46 两直线平行
a) 立体图　b) 投影图

（2）两直线相交　若空间两直线相交，则其同面投影必相交，且交点符合点的投影规律。如图 5-47 所示，直线 AB、CD 相较于点 K，则 ab 与 cd 相交于 k；$a'b'$ 与 $c'd'$ 相交于 k'，且 $kk' \perp OX$ 轴。

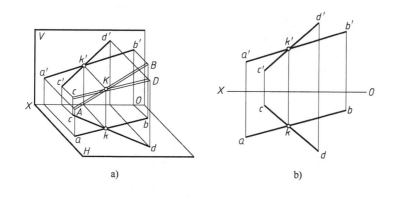

图 5-47 两直线相交
a) 立体图　b) 投影图

（3）两直线交叉　既不平行也不相交的空间两直线，称为交叉直线。其投影既不符合平行两直线的投影规律，也不具有相交两直线的投影特征。它们的同面投影若相交，交点不符合点的投影规律，仅为两直线处于同一投射线上的两点（重影点）的投影。

图 5-48 所示为两直线交叉 AB、CD，其水平投影 ab、cd 的交点是直线 AB 上的 Ⅰ 点和直线 CD 上的 Ⅱ 点在 H 面上的投影，Ⅰ、Ⅱ 两点是对 H 面的重影点。而其正面投影 $a'b'$ 和 $c'd'$ 的交点是直线 CD 上的Ⅳ点和直线 AB 上的Ⅲ点在 V 面上的投影，Ⅳ、Ⅲ 两点是对 V 面的重影点。

（4）两直线垂直　空间两直线垂直（相交或交叉），若其中一直线为某投影面的平行线，则两直线在该投影面上的投影必定反映直角，此投影特性称为直角投影定理。

与此相反，如两直线在某一投影面上的投影相互垂直，且其中有一直线为该投影面的平行线时，则两直线在空间必定互相垂直。

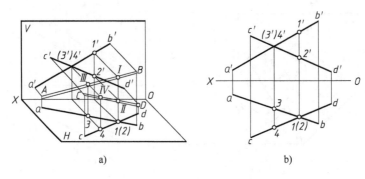

图 5-48　两直线交叉

a）立体图　b）投影图

如图 5-49 所示，已知 $AB \perp BC$，$AB /\!/ H$ 面，BC 倾斜于 H 面。因 $AB /\!/ H$ 面，则 $AB \perp Bb$，又因 $AB \perp BC$，则 AB 垂直于平面 P（$BbcC$）。而 $AB /\!/ ab$，则 $ab \perp P$ 面，所以 $ab \perp bc$，即 $\angle abc = \angle ABC = 90°$。

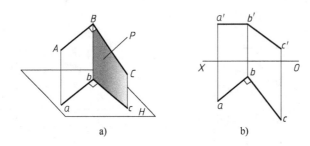

图 5-49　两直线垂直

a）立体图　b）投影图

5.5.3　平面的投影

1. 平面的表示法

平面可由下列任何一组几何元素确定。

1）不在同一直线上的三点（见图 5-50a）。

2）一直线和直线外一点（见图 5-50b）。

3）两相交直线（见图 5-50c）。

4）两平行直线（见图 5-50d）。

5）任意平面图形，如三角形、圆或其他平面图形等（见图 5-50e）。

以上五种确定平面的方法是可以互相转化的，即从一种形式转换为另一种形式。

2. 各种位置平面及其投影特性

在三投影面体系中，空间平面对投影面的相对位置可分为三种：

1）一般位置平面：与三个投影面都处于倾斜位置的平面。

2）投影面垂直面：垂直于一个投影面、倾斜于另外两个投影面的平面。

3）投影面平行面：平行于一个投影面、必垂直于另外两个投影面的平面。

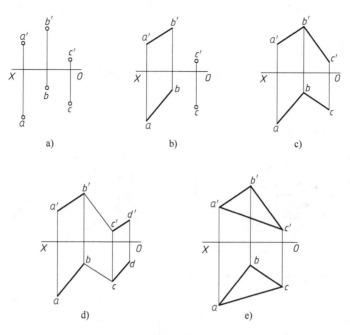

图 5-50　用几何元素表示平面

后两类平面又称为特殊位置平面。特殊位置平面对投影向 *H*、*V*、*W* 面的倾角分别用 α、β、γ 表示。

（1）一般位置平面　对三个投影面都倾斜的平面称为一般位置平面。如用平面图形表示时，它的三面投影均为面积缩小的类似形，且不反映该平面对投影面的倾角，如图 5-51 所示。

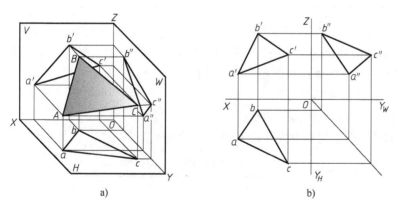

图 5-51　一般位置平面
a）立体图　b）投影图

（2）投影面垂直面　垂直于某一投影面（倾斜于另两投影面）的平面称为投影面垂直面。垂直于 *H* 面的称为铅垂面，垂直于 *V* 面的称为正垂面，垂直于 *W* 面的称为侧垂面。表 5-7 列出了它们的立体图、投影图和投影特性。

从表 5-7 可以概括出投影特性如下：

　　1）平面在所垂直的投影面上的投影积聚为一直线，该投影与投影轴的夹角分别反映平面对另两投影面的真实倾角。

　　2）平面的另两投影均为面积缩小的类似形。

表 5-7　投影面垂直面的投影特性

名　　称	铅 垂 面	正 垂 面	侧 垂 面
立体图			
投影图			
投影特性	1. 水平投影积聚成一直线，反映 β、γ 实角 2. 正面投影和侧面投影为比实形小的类似图形	1. 正面投影积聚成一直线，反映 α、γ 实角 2. 水平投影和侧面投影为比实形小的类似图形	1. 侧面投影积聚成一直线，反映 α、β 实角 2. 水平投影和正面投影为比实形小的类似图形

　　（3）投影面平行面　平行于某一投影面（必垂直于另两个投影面）的平面称为投影面平行面。平行于 H 面的称为水平面，平行于 V 面的称为正平面，平行于 W 面的称为侧平面。表 5-8 列出了它们的立体图、投影图和投影特性。

　　投影面平行面的投影特性如下：

　　1）平面在所平行的投影面上的投影反映平面的实形。

　　2）平面的另两投影均积聚为平行于相应投影轴的直线。

表 5-8　投影面平行面投影特性

名　　称	水 平 面	正 平 面	侧 平 面
立体图			

（续）

名　称	水　平　面	正　平　面	侧　平　面
投影图			
投影特性	1. 水平投影反映实形 2. 正面投影和侧面投影有积聚性，且分别平行于 OX 轴和 OY_W 轴	1. 正面投影反映实形 2. 水平投影和侧面投影有积聚性，且分别平行于 OX 轴和 OZ 轴	1. 侧面投影反映实形 2. 水平投影和正面投影有积聚性，且分别平行于 OY_H 轴和 OZ 轴

3. 平面上的点和直线

（1）平面内的点　由初等几何可知，点属于平面的几何条件是：若点在平面内的某一直线上，则该点必在该平面上；与此相反，若点在平面内，则该点必在平面内的某一直线上。

如图 5-52 所示，平面 P 由两相交直线 AB、AC 确定，点 M 在 AB 直线上，故点 M 必在由 AB 和 AC 所决定的平面内。

（2）平面内的直线　直线属于平面的几何条件是：若直线通过平面内的两个点，或通过平面内的一点且平行于该平面内的另一直线，则此直线必在该平面内，与此相反也同样成立。

如图 5-53 所示，直线 BD 通过平面 ABCD 的 B、D 两点，则直线 BD 在平面 ABCD 上；直线 CE 通过平面 ABCD 上的 C 点，且 CE//DA，则直线 CE 也在平面 ABCD 上。

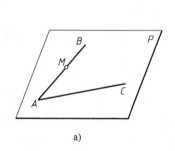

图 5-52　平面内的点

a）立体图　b）投影图

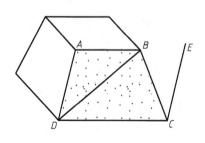

图 5-53　平面上的直线

5.6　基本体的投影

1. 平面立体

平面立体是各表面都是平面图形的实体，面与面的交线称棱线，棱线与棱线的交点称顶点。常见的平面立体主要有棱柱和棱锥（包括棱台）。

绘制平面立体的投影，只需绘制它的各个表面的投影，也可以认为是绘制其各表面交线及各顶点的投影。作图时需要注意的是，可见的棱线投影画成粗实线，不可见的棱线投影画成虚线。当可见棱线与不可见棱线投影重影时，只画出可见棱线的投影。

（1）棱柱　棱柱的表面是棱面、顶面和底面。通常用底面多边形的边数来区分不同的棱柱，如底面为四边形，称为四棱柱；底面是五边形，则称为五棱柱。

图 5-54a 所示的正六棱柱，其顶面和底面为平行于水平投影面的正六边形，六个棱面均垂直于底面。

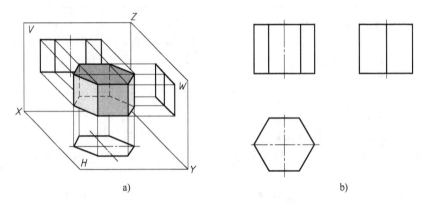

图 5-54　正六边形的三面投影

a）立体图　b）投影图

正六边形的三面投影特点如下：

1）水平投影。反映顶面和底面的实形，顶面和底面的投影重合，六个棱面的投影积聚成线段且与底面的对应边重合。

2）正面投影。顶面和底面的正面投影积聚为直线；前后棱面平行于正投影面，其正面投影反映实形；其他四个侧棱面均与正投影面倾斜，其正面投影为类似形。

3）侧面投影。顶面、底面和前后棱面的侧面投影均具有积聚性，其他四个棱面的侧面投影为类似形，且两两重台。

根据以上分析，画出的正六棱柱的三面投影如图 5-54b 所示。

（2）棱锥　棱锥的表面是棱面和底面，所有的侧棱都交于一点（棱点）。用底面多边形的边数来区别不同的棱锥，如底面为四边形，则称为四棱锥。锥顶和底面多边形的重心相连的直线，称为棱锥的轴线。轴线垂直于底面的称为直棱锥，轴线不垂直于底面的称为斜棱锥，当直棱锥的底面为正多边形时，称为正棱锥。

图 5-55a 所示是一个正三棱锥，从图 5-55a 中可以看出，正三棱锥的底面 ABC 是水平面，棱面 SAB、SBC 为一般位置平面，棱面 SAC 是侧垂面。

正三棱锥的投影特点如下：

1）正面投影。棱面 SAB、SBC、SAC 与正投影面均倾斜，投影为类似形，底面 ABC 的正面投影积聚为一条直线，作出锥顶 S 和底面各顶点 A、B、C 的正面投影，分别连接即可得出正三棱锥的正面投影图。

2）水平投影。底面平行于水平投影面，其投影反映实形，三个棱面都与水平投影面倾斜，在该投影面上的投影均为类似形。

3）侧面投影。底面和棱面 *SAC* 垂直于侧投影面，其投影积聚为直线，棱面 *SAB*、*SBC* 倾斜于侧投影面，其投影为类似形，已完全重合。

根据上文分析，画出的正三棱锥的三面投影图如 5-55b 所示。

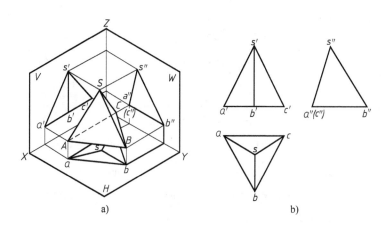

图 5-55　棱锥的三面投影
a）立体图　b）投影图

2. 曲面立体

曲面立体是由曲面或曲面与平面包围而成的实体。曲面可以看作是一动线（直线、圆弧或其他曲线）在空间连续运动所形成的轨迹，形成曲面的动线称为母线，母线在曲面上的任一位置称为素线。

（1）圆柱　圆柱体由圆柱面和上、下底面围成。圆柱面可以看作是由一条直母线绕与它平行的轴线回转而成的，因此圆柱面上所有素线都是平行于回转轴的直线。

如图 5-56 所示的圆柱，上、下底面为水平面，回转轴是铅垂线。

圆柱的投影特点如下：

1）水平投影是一个圆，反映上、下底面的实形，同时也是圆柱面的积聚性投影；用两条相互垂直的点画线表示出圆心的位置。

2）正面投影是一个矩形，上、下两条水平边是上、下底面的积聚性投影；左、右两条竖直边是圆柱面对 *V* 面的界限素线的投影；点画线表示回转轴。

3）侧面投影是与正面投影相同的矩形，上、下两条水平边是上、下底面的积聚性投影；左、右两条竖直边是圆柱面对 *W* 面的界限素线的投影；点画线表示回转轴。

画圆柱的投影图时，应先画出三面投影中的点画线（轴线和对称线），用以确定图形的位置；再画反映上、下底圆实形的投影，然后根据圆柱高度及投影关系完成形状为相同矩形的其他两面投影。

（2）圆锥　圆锥体由圆锥面和底面围成。圆锥面可以看作由一条直母线绕与它相交的轴线回转而成，直母线与轴线的交点称为锥顶点，因此圆锥面上所有素线都是过锥顶的直线。母线上任一点的回转轨迹，是垂直于轴线和大小不同的圆。

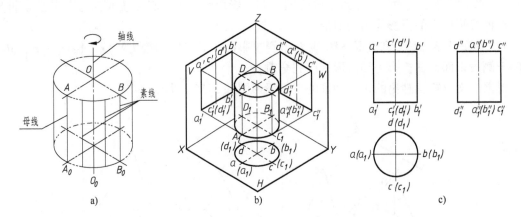

图 5-56　圆柱的投影
a）圆柱的形成　b）立体图　c）投影图

如图 5-57 所示的投影，底面为水平面，回转轴是铅垂线。

1）水平投影是一个圆，反映底面的实形，同时也是圆锥面的水平投影；锥顶的水平投影位于圆的中心线的交点（圆心）位置。

2）正面投影是一个等腰三角形，底边是底面的积聚性投影，两腰是圆锥面对 V 面的界限素线的投影；点画线表示回转轴。

3）侧面投影是与正面投影全等的等腰三角形，底边是底面的积聚性投影，两腰是圆锥面对 W 面的界限素线的投影；点画线表示回转轴。

画圆锥的投影图时，应先画出所有的点画线，用以确定投影图的位置；然后画出 H 面反映底面实形圆的投影，再根据锥顶的高度及投影关系，完成投影为全等的等腰三角形的其他两面投影。

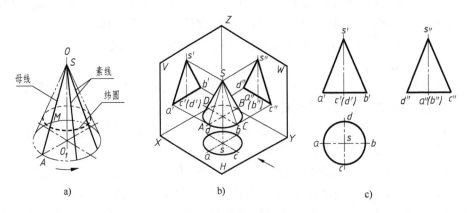

图 5-57　圆锥的投影
a）圆锥的形成　b）立体图　c）投影图

（3）圆球　圆球体由圆球面围成，圆球面的母线是圆，回转轴为圆的一条直径线。

如图 5-58 所示，圆球的三面投影是大小相等的三个圆，分别是球面对三个投影面的界限素线的投影。

画圆球投影图时，应画出所有点画线，确定图形的位置，再画出三个直径与圆球相等的圆。

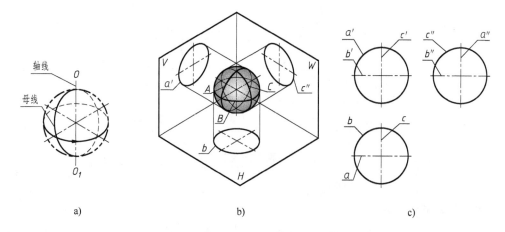

图 5-58　圆球的投影
a）球面的形成　b）立体图　c）投影图

圆球的投影特点如下：

1）正面投影。以正面投影转向轮廓线为界，球的前半部分可见，后半部分不可见。位于球的后半部分的点，在正面投影图上都不可见。

2）水平投影。以水平投影转向轮廓线为界，球的上半部分可见，下半部分不可见。位于球的下半部分的点，在水平投影图上都不可见。

3）侧面投影。以侧面投影转向轮廓线为界，球的左半部分可见，右半部分不可见。位于球的右半部分的点，在侧面投影图上都不可见。

根据上文分析，画出圆球的三面投影图如图 5-58c 所示。

5.7　立体表面交线的投影

5.7.1　平面与立体相交

平面与立体表面的交线，称为截交线，该平面称为截平面。当平面截切立体时，由截交线围成的平面图形，称为截断面。

如图 5-59 所示，截交线是封闭的平面图形，它是截平面与立体表面共有点的集合。当立体为平面立体时，截交线是一个平面多边形，它的顶点是平面立体的棱线或底边与截平面的交点，它的边是截平面与平面立体表面的交线。当立体表面为回转面时，截交线的形状取决于回转面的形状和截平面与回转面轴线的相对位置。

截交线的形状取决于立体表面形状及截平面与立体的相对位置。虽然截交线的形状各不相同，但都具有以下两个基本性质：

1）封闭性：截交线是一个封闭的平面图形。

2）共有性：截交线是立体表面和截平面的共有线，截交线上的点是立体表面和截平面

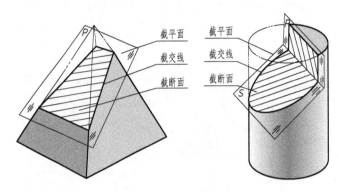

图 5-59　截平面与截交线

的共有点，既在立体表面上，又在截平面上。

1. 平面与平面立体相交

平面与平面立体相交所产生的截交线是一个封闭的平面多边形。多边形的顶点是平面立体轮廓线与截平面的交点，多边形的边是截平面与平面立体表面的交线。

截平面可以是一般位置，也可以是特殊位置。下面主要以特殊位置截平面为例说明平面立体截交线的求解方法和步骤。

[**例 5-2**]　如图 5-60a 所示，五棱柱被一正垂面 P 切割，求作截交线及五棱柱被切割后的三面投影。

解：由图 5-60a 可知，截平面 P 与五棱柱的 4 个棱面和上底面相交，截交线为五边形。五边形的顶点 A、B、C、D、E 分别是两条底线、4 条棱线与截平面 P 的交点。由于截平面 P 是正垂面，它的正面投影积聚为一条直线，故截交线的正面投影积聚为直线段，可直接求出；然后根据 A、B、C、D、E 属于五棱柱的底线和棱线，可求出其侧面投影和水平投影；最后顺次连接各点，即可求得截交线。

作图：如图 5-60b 所示。

1）直接标出截平面与五棱柱棱线和上底面底线上各交点的正面投影 a'、b'、c'、d'、e' 和水平投影 a、b、c、d、e。

2）根据直线上点的投影规律，求出各点的侧面投影 a''、b''、c''、d''、e''。

3）依次连接 5 个交点的同面投影，并判断可见性，即得截交线的各投影。

4）整理棱线，完成作图，如图 5-60c 所示。

2. 平面与回转体相交

平面与回转体相交所产生的截交线是一个封闭的平面图形。截交线的形状因截平面与回转体的相对位置不同而改变，或由曲线围成，或由曲线和直线围成，也有时由直线段围成。

求回转体截交线投影的一般步骤是：首先根据截平面与回转体的相对位置，分析交线的空间形状，再根据截平面和回转体表面与投影面的相对位置，明确截交线的投影特性，如积聚性、类似性和实形性等；然后利用积聚性或者辅助线作图求共有点；判别可见性，依次连接各点的同面投影，并补全回转体轮廓线。当交线为非圆曲线时，应先求出能确定交线形状和范围的特殊点，如最高、最低、最前、最后、最左和最右点，可见与不可见部分的分界点等，然后再求出适量中间点，最后光滑连接成曲线。

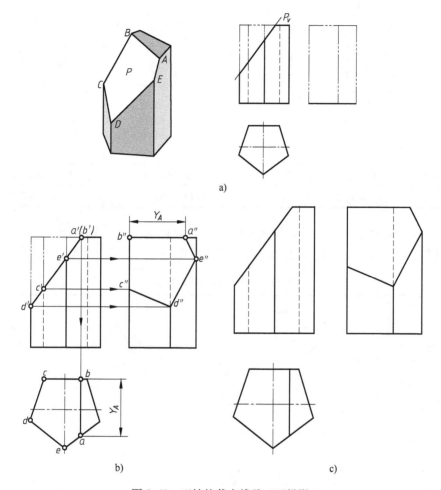

图 5-60　五棱柱截交线及三面投影

下面介绍特殊位置平面与常见回转体相交所得截交线的画法。

（1）平面与圆柱相交　平面与圆柱相交，由于截平面与圆柱轴线的相对位置不同，截交线有三种形状：圆、椭圆和矩形，如表 5-9 所列。

求圆柱截交线投影的方法，主要是利用截平面和圆柱表面的积聚性。当同一立体被多个平面截切时，要逐个分析每一个截平面与圆柱产生的交线形状和投影，然后作图。

表 5-9　不同位置的截交线

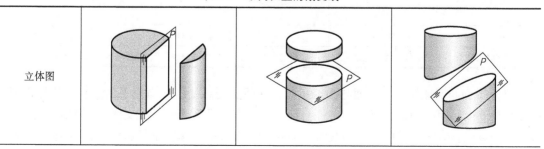

立体图		

（续）

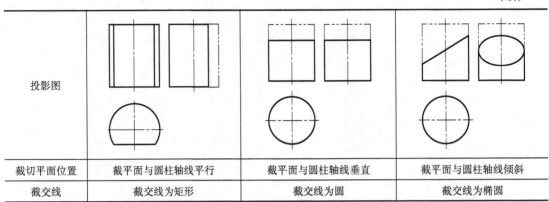

投影图			
截切平面位置	截平面与圆柱轴线平行	截平面与圆柱轴线垂直	截平面与圆柱轴线倾斜
截交线	截交线为矩形	截交线为圆	截交线为椭圆

（2）平面与圆锥相交　截平面与圆锥轴线的相对位置不同，其截交线的形状也不同。表5-10列出了平面与圆锥面轴线处于不同相对位置所产生的5种截交线。

表5-10　平面与圆锥面的截交线

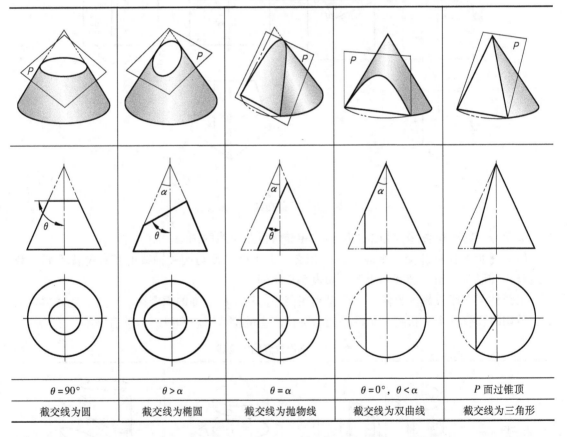

$\theta = 90°$	$\theta > \alpha$	$\theta = \alpha$	$\theta = 0°$，$\theta < \alpha$	P 面过锥顶
截交线为圆	截交线为椭圆	截交线为抛物线	截交线为双曲线	截交线为三角形

（3）平面与圆球相交　平面与圆球相交，其截交线总是圆。当截平面平行于投影面时，截交线在该投影面上的投影反映实形；当截平面垂直于投影面时，截交线在该投影面上的投影积聚为直线，直线的长度等于截交线圆的直径；当截平面倾斜于投影面时，截交线在该投影面上的投影为椭圆，见表5-11。

表 5-11　平面与圆球面的截交线

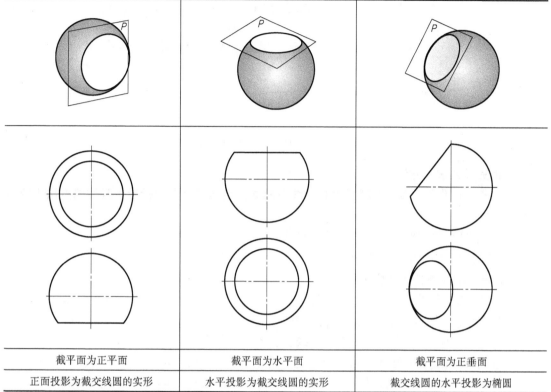

截平面为正平面	截平面为水平面	截平面为正垂面
正面投影为截交线圆的实形	水平投影为截交线圆的实形	截交线圆的水平投影为椭圆

（4）平面与组合回转体相交　在一些零件上，有时会遇到平面与组合回转体的截交线。在求平面与组合回转体截交线的投影时，可分别做出平面与组合回转体的各段回转面以及各平面表面的交线投影，然后拼成所求截交线的投影。

5.7.2　立体与立体相交

1. 相贯线的概念与性质

立体与立体相交称为相贯。两相贯的立体称为相贯体，其表面的交线称为相贯线，如图 5-61 所示。

（1）相贯的基本形式　按照立体类型不同，立体相贯有三种情况：

1）两平面立体相贯，如图 5-61a 所示。

2）平面立体与曲面立体相贯，如图 5-61b 所示。

3）两曲面立体相贯，如图 5-61c 所示。

（2）相贯线的性质

1）共有性：相贯线是两立体表面的共有线，也是立体表面的分界线，相贯线上的点是两立体表面的共有点。

2）封闭性：相贯线一般为封闭的空间曲线，特殊情况下为平面曲线或直线。

3）分界性：相贯线是两立体表面的分界线。

相贯线的形状取决于相交两立体的形状、相对位置和尺寸大小。

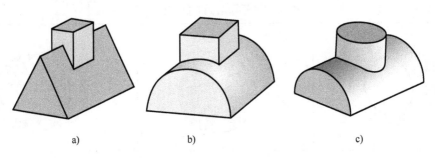

图 5-61　立体相贯的三种形式

2. 相贯线的求解方法

求相贯线的投影，实际上就是求相贯线上两立体表面共有点的投影，常用的方法主要有以下两种：

1）利用投影的积聚性直接找点求相贯线。

2）利用辅助平面法求相贯线。

求相贯线的具体作图步骤如下：

1）求出能确定相贯线投影范围的特殊点的投影，特殊点包括曲面转向轮廓线上的共有点和极限位置点，即最高、最低、最前、最后、最左及最右点。

2）在特殊点的投影中间，求作相贯线上若干个一般点的投影。

3）判别相贯线投影可见性后，用粗实线或虚线依次光滑连接所作点的投影。

相贯线上点的可见性判别依据：当相贯线上的点同时处于两立体表面的可见部分时，这些点才可见。

1）利用积聚性求相贯线。两曲面立体相交，如果其中一个立体是轴线垂直于投影面的圆柱，则相贯线在该投影面上的投影就积聚在圆上。此时求相贯线其他投影的问题可以看作是已知另一立体表面上线的一个投影，求作其他投影的问题。

［例 5-3］　"正交两圆柱"就是指轴线垂直相交的两圆柱。求作图 5-62a 所示正交两圆柱的相贯线。

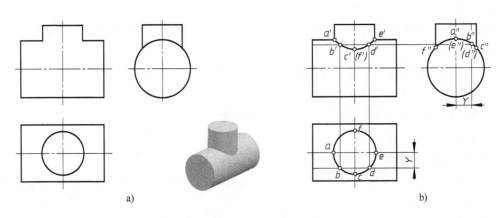

图 5-62　轴线正交的两圆柱相贯
a）已知条件　b）作图

解：小圆柱的轴线垂直于 H 面，大圆柱的轴线垂直于 W 面，两圆柱轴线在同一正平面内垂直相交，相贯线为一条左右、前后都对称的闭合的空间曲线。相贯线的水平投影重影在小圆柱面的水平投影上，相贯线的侧面投影重影在大圆柱面侧面投影中两圆柱共有的一段圆弧上，本例只需作出相贯线的正面投影。

正交的两圆柱在机器零件上经常遇到。它们的表现形式除了两实心圆柱相交以外，还可能有实心圆柱与圆柱孔相交以及两圆柱孔相交，如图 5-63 所示。

图 5-63a 与图 5-62 的区别仅在于垂直于 H 面的小圆柱变成了圆柱孔，分析过程与作图方法与例 5-3 相同，只是注意孔的转向素线由于不可见，因此画成虚线。

图 5-63b 与图 5-63a 相比较，垂直于 W 面的实心圆柱换成了圆筒，此时水平与竖直的两个圆柱孔相交，所以也会产生相贯线。分析过程与作图方法与图 5-62 相同，只是注意两孔产生的相贯线不可见，因此画成虚线。

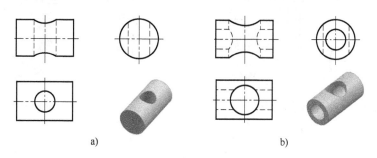

图 5-63　与圆柱孔相交
a）圆柱穿孔　b）圆柱双向穿孔

2）利用辅助平面求相贯线。用辅助平面法求相贯线投影的基本原理如图 5-64 所示，假想作一辅助平面 P，使它与两回转体都相交，求出辅助平面与两回转体的截交线 L_1、L_2、L_3，作出两回转体表面截交线的交点Ⅰ、Ⅱ，既为两回转体表面的共有点，也为相贯线上的点。在相交部分作出若干个辅助平面，求出相贯线上一系列点的投影，依次光滑连接，即得相贯线的投影。

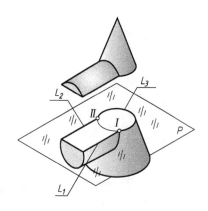

图 5-64　辅助平面法作图原理

为便于作图，所选择的辅助平面与两相交立体表面所产生的截交线的投影，应是简单易画的直线或圆。一般选择特殊位置平面作为辅助平面。

3. 相贯线的特殊情况

两曲面立体的相贯线一般情况下为闭合的空间曲线，特殊情况下为平面曲线或直线。

1）轴线相互平行的两圆柱相交时，相贯线为两条直线，如图 5-65 所示。

2）同轴的回转体相贯时，相贯线为垂直于回转轴的圆，如图 5-66 所示。分析图 5-67b 中缺画的相贯线。

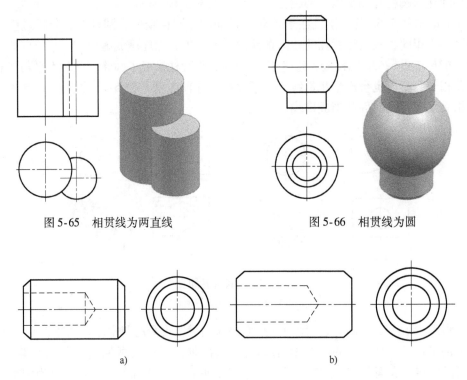

图 5-65　相贯线为两直线　　　　　图 5-66　相贯线为圆

图 5-67　判断相贯线正确性
a）正确　b）错误

3）轴线垂直相交的两圆柱直径相等时，二者必同时外切于一球，相贯线为两个大小相等的椭圆，如图 5-68 所示，图 5-68 中相贯线的正面投影为两段直线。图 5-69 和图 5-70 所示为两等直径正交圆柱的相贯线。

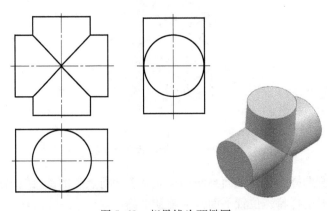

图 5-68　相贯线为两椭圆

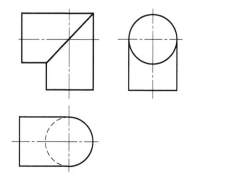

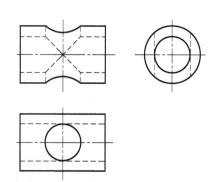

图 5-69　相贯线为椭圆　　　　　　　　　图 5-70　正交等径圆孔

4）轴线斜交的两圆柱直径相等时，二者必同时外切于一球，相贯线为大、小不等的两个椭圆，如图 5-71 所示。图 5-71 中相贯线的正面投影为两直线。

5）圆锥与圆柱轴线垂直相交时，若二者同时外切于一球，则相贯线也是两个大小相等的椭圆，如图 5-72 所示。

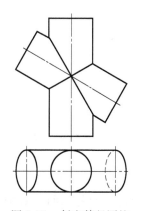

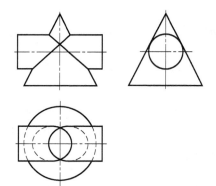

图 5-71　斜交等径圆柱　　　　　　　　　图 5-72　锥柱相贯线为椭圆

4. 多立体相交

多个立体相交，其相贯线较复杂，它由两两立体间的各条相贯线组合而成。

1）首先分析参与相贯的立体是哪些基本立体，是平面立体还是曲面立体，是内表面还是外表面，是完整立体还是不完整立体，对于不完整立体还应想象出完整的基本立体。

2）分析哪些立体件有相交关系，并分析交线的形状、趋势和范围。

3）对于相贯部分分别求出两相贯线的交线以及各段交线的分界点（切点、交点），综合起来成为多立体的组合相贯线。

[**例 5-4**]　求图 5-73 所示竖直圆柱、半圆球和轴线为侧垂线的圆锥三立体相交产生的相贯线。

解：其相贯线是由圆柱与圆球的相贯线、圆柱与圆锥的相贯线、圆锥与圆球的相贯线组合而成。这三条相贯线的共有点（结合点）为Ⅰ、Ⅱ（图 5-73a 中仅Ⅰ点可见）。要求组合相贯线，必须分别求出各相贯线以及它们的分界点。

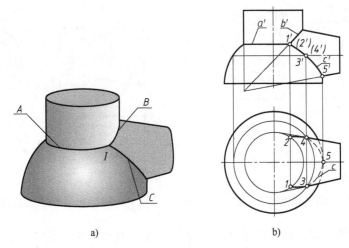

a)   b)

图 5-73   多立体相交

5.8   组合体的投影及读图

5.8.1   组合体的投影

画组合体三视图时，应注意以下几点。

1. 形体分析

画图前，首先应对组合体进行形体分析。形体分析，就是分析组合体是由哪些基本形体组成的，以及各基本形体之间的组合形式及其相对位置和相邻表面间的连接关系，从而对组合体有一个全面的认识。

2. 选择主视图

主视图是一组视图中最重要的视图。确定主视图时，要解决投射方向和如何放置两个问题。

选择主视图的原则是：

1）组合体应按自然位置放置，使其保持稳定。

2）主视图应能清楚地显示组合体的形状特征，即把反映各组成形体和它们之间相对位置最多的方向作为主视图的投射方向。

3）使主视图中虚线最少。

3. 画图方法和步骤

正确的画图方法和步骤是保证绘图质量的关键。

1）根据组合体的大小和选定的比例布置图面，画出各视图中的作图基准线、对称线及主要形体的轴线和中心线。

2）画底稿时，先画主要部分，后画次要部分，先画大形体，后画小形体；先画整体形状，后画细节形状。在画每部分时，要先画反映该部分形状特征的视图，后画其他视图，注意将几个视图配合起来画，以便建立正确的投影对应关系。

3）检查、加深。

4. 画图举例

画如图 5-74a 所示组合体的三视图。该组合体为一轴承座，应用形体分析法可将它分解为左、右对称放置的四部分：套筒、支承板、肋板和底板，如图 5-74b 所示。

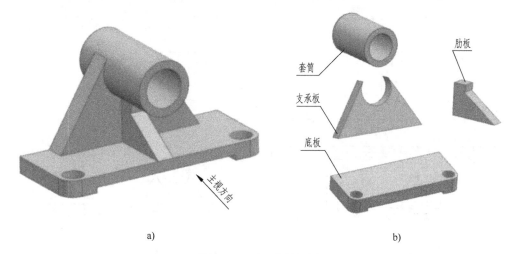

a)   b)

图 5-74　画组合体视图
a）轴承座　b）形体分析

如图 5-74b 所示，套筒即为空心圆柱。底板可看作是一带圆角的长方体，其上挖去两个圆柱孔，并且挖切出一个长方形通槽。支承板和肋板都是带有内圆柱面的棱柱体。支承板的后面与底板的后面共面，它的左、右侧面与套筒外表面相切。肋板在套筒下方，其相应表面与套筒表面相交。

如图 5-74a 所示，箭头所示方向作为主视图的投射方向是比较好的。这样使主视图清楚地反映了轴承座四个组成部分的上、下、左、右位置关系。图 5-75 所示为轴承座的画图过程和步骤，表达套筒及支承板的形状特征以及肋板、底板的厚度。

5. 画图时要注意的两个问题

1）要正确保持各形体之间的相对位置。例如，画套筒时，套筒的前后位置，要以套筒的后端面凸出底板后侧面多少为准，如图 5-75b 所示。

2）要正确表达各形体之间的表面连接关系。例如，画支承板时，由于支承板的左、右侧面与套筒外表面相切，因此，在俯、左视图上的相切处不应画线，如图 5-75c 所示。再如，画肋板时，肋板的左、右两侧面与套筒相交，因此，在左视图上要画出交线的投影，如图 5-75c 所示。对于如图 5-76a 所示的挖切式组合体，可看作是在长方体上挖去两个基本形体构成的，如图 5-76b 所示。画图时，对被挖去的部分，也是先从反映该部分形状特征的视图开始绘制，如图 5-76c、d 所示。

5.8.2　组合体的读图

读图是画图的逆过程。画图是把空间的组合体用正投影法表示在平面上，而读图则是根据已画出的视图，运用投影规律，想象出组合体的空间形状。线面分析法读图是通过分析各视图中线框和图线、线框和线框的对应关系，确定它们所代表的组合体表面的形状和位置。从而推断出组合体形状的一种读图方法。

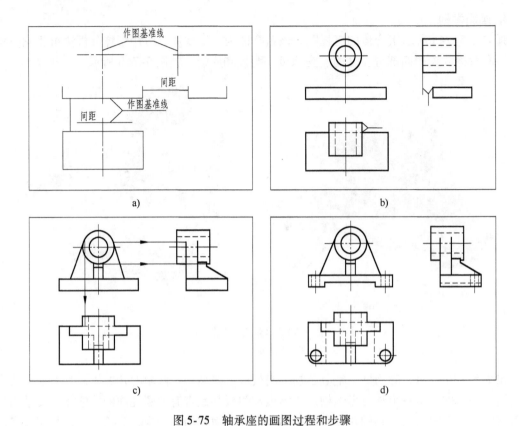

图 5-75　轴承座的画图过程和步骤

a）布置视图并画出作图基准线　b）画套筒和底板外形　c）画支承板和肋板

d）画细实线和补虚线，检查投影正确加深即成

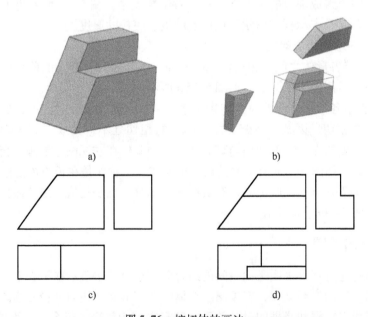

图 5-76　挖切体的画法

a）立体图　b）形体分析　c）切去左上角　d）切去前上角

1. 读图的一般方法

（1）要几个视图联系起来读　一个组合体常需要两个或两个以上的视图才能表达清楚。因而在读图时，一般从主视图入手，几个视图联系起来读，才能准确识别组合体中各形体的形状和它们之间的相对位置。切忌看了一个视图就下结论。由图 5-77 所示可知，一个视图不能唯一确定组合体的形状。

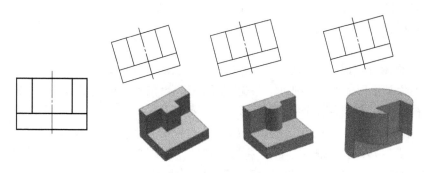

图 5-77　一个视图不能唯一确定组合体的形状

（2）要从反映形状特征的视图读起　认识每一形体的关键是要抓住其形状特征。主视图常常能较多地反映组合体各部分的形状特征，所以读图时一般从主视图读起。但是组成组合体的各形体的形状特征，不一定全集中在主视图上，因此，还要善于找出反映这些部分形状特征的视图。以特征视图为主，联系其他视图，就能迅速地将各部分形状判断清楚。

（3）要认真分析形体间相邻表面的相对位置　组合体各形体间相邻表面相对位置的不同，会使视图中的图线产生相应的变化。读图时要注意分析视图中反映形体之间连接关系的图线，从而判断各形体间的相对位置。图 5-78a 中的主视图中，三角形肋板与底板之间为粗实线，说明它们的前表面不共面，结合俯视图、左视图可以判断出肋板只有一块，位于底板中间。图 5-78b 中的主视图中三角形肋板与底板之间为虚线，说明它们的前表面是共面的，结合俯、左视图可以判断出肋板有前、后两块。

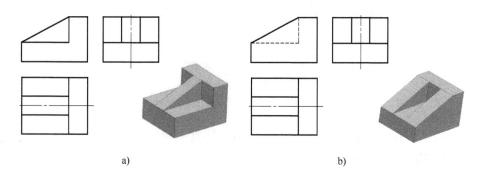

a)　　　　　　　　　　　　　　　　　　b)

图 5-78　判断形体间的相对位置
a）一块肋板　b）两块肋板

（4）要把想象中的形体与给定的视图反复对照　看图的过程是不断把想象中的组合体与给定视图进行对照的过程。或者说读图的过程是不断修正想象中的组合体形象的思维过程。读图时，可根据给定的视图想象出组合体并默画出它的视图，再根据其与给定视图间的差异来修正想象中的形体，直至与给定的视图完全相符。

2. 形体分析法读图

形体分析法是读图的基本方法。读图时，应从视图中将组合体分解成若干部分，根据各部分的投影，想出它们的形状，然后把它们组合起来想象出组合体的整体形状。看图过程中在分析各视图线框的空间含义时，应考虑它们是否表示基本形体，并通过各视图之间的投影关系，想象其形状、相对位置以及组合形式，从而综合想象出组合体形状。形体分析法读图可按下列步骤进行。

（1）将主视图分解成几个线框　组合体的视图表现为线框，所以，首先需要将组合体投影线框分解为基本形体的投影线框。一般从反映组合体特征的主视图入手，图 5-79a 所示组合体的主视图可初步分为五个线框 a'、b'、c_1'、c_2'、d'。

（2）确认基本形体　对照其他视图找出与其对应的投影，确认各基本形体，并想象出它们的形状。图 5-79a 中线框 a'、b' 分别与俯视图中的线框 a、b 对应，表示两个棱柱体；线框 d' 与俯视图中的虚线线框（d）对应，表示前端小的孔洞；而线框 c_1'、c_2' 必须结合起来考虑，它们与俯视图中的线框 c 对应，表示一棱柱体。读图时遇到这种相邻线框合为一矩形时，往往是要合并考虑，而不再细分。

（3）综合想整体　根据上述基本形体的相对位置确认组合体的形状，如图 5-79b 所示。

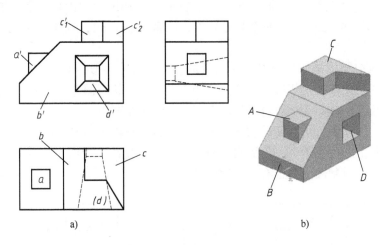

图 5-79　形体分析法读图

a）三视图　b）立体图

3. 线面分析法的读图方法

线面分析法的着眼点是要分清组合体的表面。而视图中的线框表示的是组合体表面的投影；视图中的图线则表示为组合体上线或面的投影。所以，先弄清图线和图框的含义，然后确定它们的对应关系，明确表面的形状。

如图 5-80a 所示，主视图只有一个封闭线框，估计是图示形状的棱柱体，对照投影关系从左视图可知，该棱柱的前、后端面被两个侧垂面 P 各切去一块，如图 5-80b 所示。该组合体除四个水平面和四个侧平面外，还有两个侧垂面 P 和两个正垂面 B。前、后端面的侧垂面 P 是十二边形。由类似性可知其正面投影和水平投影也是十二边形。根据 P 面的正面投影和侧面投影可求得水平投影。四个不同高度的水平面 C、A、D、E 与正垂面 B、侧垂面 P 和侧平面的交线都是投影面垂直线，所以这些水平面的形状都是矩形，其边长由正面投影和侧面投影确定。综合归纳想象出整体，如图 5-80b 所示。

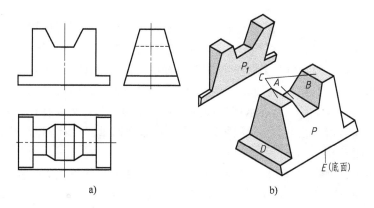

图 5-80　线面分析法

4. 读图举例

[例 5-5]　如图 5-81a 所示，由压块的主、俯视图，想象压块的形状，补画左视图。

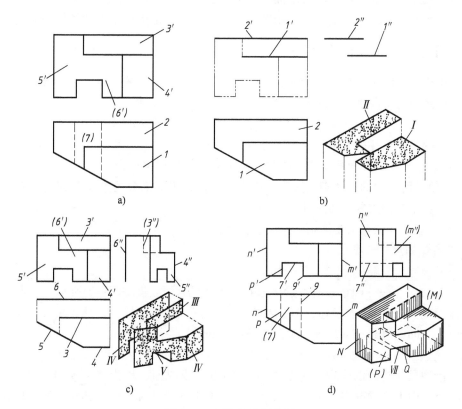

图 5-81　压块的读图分析

解：本题可按分线框、对投影、组装表面想象整体的步骤进行。

1）分析视图中的线框、线段的对应关系。把主视图、俯视图分为若干个封闭线框并找出它们在另一视图中的对应投影。例如，把主视图分为线框 3′、4′、5′、（6′），在俯视图中找出其对应的投影，将俯视图分为线框 1、2、（7），在主视图上找出其对应的投影。

2）对照每个线框的投影，想象它们所表示的平面的形状和空间位置。例如，俯视图中的线框 1、2 在主视图中无类似形相对应，分别对应横向线 1′、2′，可知线框 1、2 均表示水平面的实形，面Ⅱ高，面Ⅰ低，其侧面投影也为横向线段，如图 5-81b 所示。

主视图中的线框 3′、4′、5′、（6′）在俯视图中无类似形相对应，分别对应横向线 3、4、6 及斜线 5；线框 3′、4′、（6′）表示正平面的实形，Ⅳ面在前，Ⅵ面在后，Ⅲ面在中间，其侧面投影均为竖向线段；由线框 5′及斜线 5 可知 V 面为铅垂面，其侧面投影必定是和 5′相类似的线框，如图 5-81c 所示。

俯视图中的不可见线框（7），对应主视图中的线段 7′，线框（7）表示水平面Ⅶ的实形。Ⅶ面是底槽的上顶面。压块上其余表面的主、俯视图均为竖向线段，它们都是侧平面，其左视图反映实形，如图 5-81d 所示。

想象组装。通过上述的投影分析和想象把压块上各表面按照它们的形状和空间位置综合想象出压块形状，如图 5-81d 所示。

具体补画左视图时，可先画投影面平行面，后画非平行面，并重点检查非平行面的类似性，如图 5-81d 中所示的铅垂面在主视图和左视图中必须是边数相等的类似形。

5.8.3 组合体的尺寸标注

组合体模型反映了组合体的形状，模型中包含了真实大小的信息，为了便于工程交流以及更好地表达组合体各部分的相对位置关系，还必须标注尺寸，标注尺寸是表示形体的重要手段。

组合体的尺寸标注的基本要求：

1）正确。尺寸标注要严格遵守机械制图国家标准的有关规定。

2）完整。所标注的尺寸必须能完全确定组合体各组成部分的大小及相对位置，不允许遗漏尺寸，也不允许重复标注尺寸。

3）清晰。尺寸的布局要清晰、整齐，便于读图。

1. 组合体的尺寸分类

对于组合体，一般应标注以下三类尺寸：

（1）定形尺寸——确定各基本形体形状和大小的尺寸　如图 5-82 所示，按形体分析法将组合体分解为三个基本形体，分别标注出它们的定形尺寸，如 48mm、28mm、$R6$mm、$4 \times \phi6$mm、8mm、18mm、$\phi2$mm、$\phi12$mm 和 $\phi6$mm 等。

（2）定位尺寸——确定各基本形体之间相对位置的尺寸　对于定位尺寸，必须选定尺寸基准。标注尺寸时用以确定尺寸起始位置的点、线或面，称为尺寸基准。组合体在长、宽、高三个方向上必须确定一个尺寸基准。尺寸基准通常选择在形体的对称面、回转体的轴线、底面或端面处。图 5-82 中，就是以该组合体的左右对称面为长度方向尺寸基准，按左右对称标注底板上 4 个圆柱孔在长度方向上的定位尺寸 36mm；以组合体前后对称面为宽度方向尺寸基准，按前后对称标注底板上 4 个圆柱孔在宽度方向上的定位尺寸 16mm；以底板下底面为高度方向尺寸基准，标注空心圆柱体前后所穿圆柱孔在高度方向上的定位尺寸22mm。

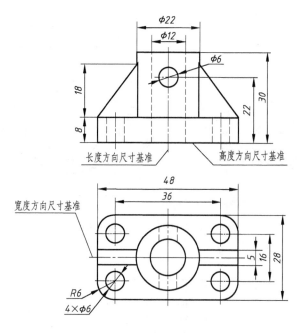

图5-82　组合体的三类尺寸

（3）总体尺寸——表明组合体整体大小的总长、总高和总宽尺寸　图5-82中，48mm、28mm和30mm分别为组合体的总长、总宽和总高尺寸。需要注意的是，组合体的定形、定位尺寸标注完整后，若再加注总体尺寸，就会出现多余尺寸或重复尺寸，这时就要对已标注的定形和定位尺寸做适当调整。图5-82中，主视图上如果标注了总高尺寸30mm，则空心圆柱体在高度方向的定形尺寸就应去掉。

一般情况下，都需要直接标注出组合体的总体尺寸，但是当组合体在某个方向上的外轮廓为回转面时，通常不标注该方向的总体尺寸，如图5-83所示。

2. 基本形体和带切口形体的尺寸标注

（1）基本形体的尺寸标注　标注基本形体的尺寸，一般要注出长、宽、高三个方向的尺寸，常见基本形体的尺寸标注如图5-84所示。

回转体的直径尺寸应尽量标注在投影非圆视图上，这样便于看图，并可省略视图。图5-84d～g中，各基本形体都只用一个视图表示。

（2）带切口形体的尺寸标注　对于带切口的形体，除了标注基本形体的尺寸外，还要注出确定截平面位置的尺寸。需要注意的是，当形体与截平面的相对位置确定后，切口的交线即可完全确定，因此不能直接标注交线的尺寸。常见带切口形体的尺寸标注如图5-85所示。

3. 尺寸标注清晰需注意的问题

要做到尺寸标注清晰，应注意以下几点：

1）尺寸应尽量标注在反映该形体特征最明显的视图上，便于在看图时查找尺寸。

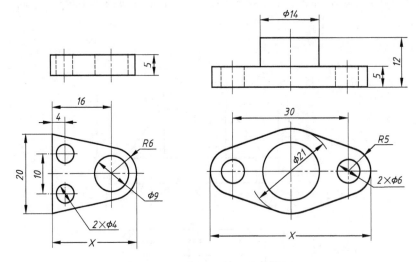

图 5-83　不标注总体尺寸的情况

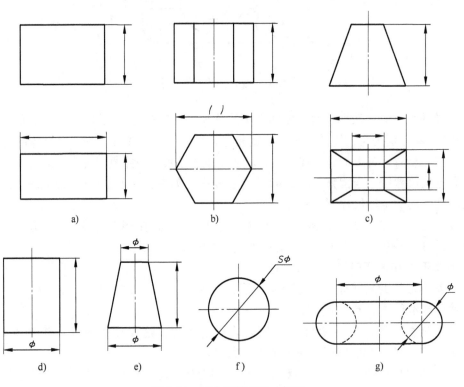

图 5-84　基本形体的尺寸标注

　　图 5-86a 表示同轴叠加的两个圆柱筒，它们的直径尺寸宜标注在投影为非圆的视图上。

　　图 5-86b、c 中，半径尺寸应标注在投影为圆弧的视图上。

　　图 5-86d 中，表示缺口的尺寸应该标注在反映其实形的视图上。

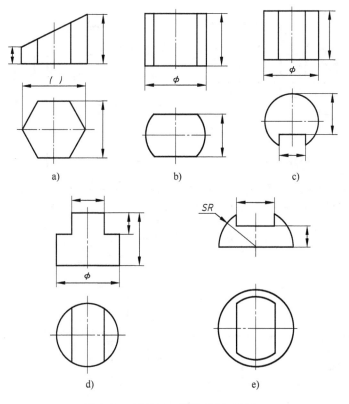

图 5-85   常见切口形体的尺寸标注

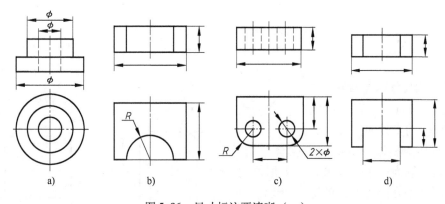

图 5-86   尺寸标注要清晰（一）

2）同一基本体的定形尺寸以及有联系的定位尺寸尽量集中标注。图 5-87a 中，在长度和宽度方向上，底板的定形尺寸以及两个小圆孔的定形、定位尺寸都应集中标注在俯视图上；图 5-87b 中，轴线铅垂小圆柱的定形、定位尺寸应标注在主视图上。

3）为保证视图清晰，应尽量将尺寸标注在视图之外；相互平行的尺寸，小尺寸应标注在内，大尺寸应标注在外，以避免尺寸线与尺寸界线相交，如图 5-88 所示。

4）尺寸排列要整齐，同一方向的几个连续尺寸应尽量标注在同一条线上，如图 5-89 所示。

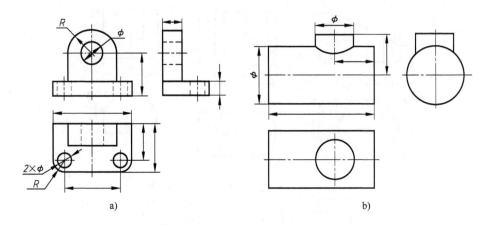

图 5-87　尺寸标注要清晰（二）

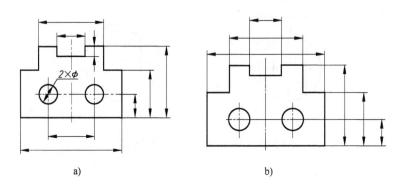

图 5-88　尺寸标注要清晰（三）

a）清晰　b）不清晰

4. 组合体尺寸标注举例

下面以 5-90a 所示的支架为例，说明组合体尺寸标注的步骤和方法。

（1）形体分析　对支架进行形体分析，可假想将其分解为 5 个基本形体，各形体的定形、定位尺寸分析如图 5-90b、c 所示。

（2）选择尺寸基准　从支架的结构特征考虑，中间的圆柱筒是主要结构，底板下底面为较大平面，组合体前后对称，所以选择其轴线为长度方向的尺寸基准，底板下底面为高度方向的尺寸基准，前后对称面为宽度方向的尺寸基准。

（3）标注各基本形体的定形和定位尺寸

1）标注定形尺寸　图 5-91a 中标出的尺寸都是定形尺寸。

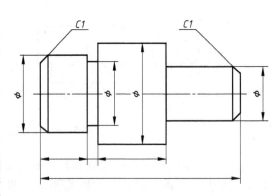

图 5-89　尺寸标注要清晰（四）

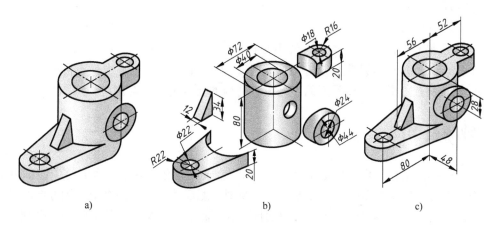

图 5-90　支座及其形体分析

a）支座　b）形体分析及定形尺寸　c）定位尺寸

2）标注定位尺寸　图 5-91b 中标出的尺寸都是定位尺寸。

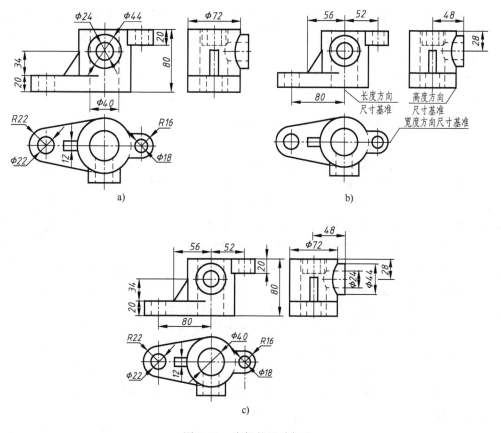

图 5-91　支架的尺寸标注

a）标注定形尺寸　b）标注定位尺寸　c）校核检查后的标注结果

（4）标注总体尺寸　最后还应标出总体尺寸。标注总体尺寸时，有时会与定形尺寸或定位尺寸重复，即由定形尺寸和定位尺寸已确定了总体尺寸，这时则应调整尺寸标注，删去多余尺寸。如图 5-91c 所示，主视图中标出的尺寸 80mm 为总高尺寸，但同时它也是圆柱 ϕ72mm 的定形尺寸，因此，总体尺寸就不必再标注了。又如在总长尺寸方面，由于标注了定位尺寸 52mm、80mm 以及定形尺寸 R16mm、R22mm 后，总体尺寸也就不再标注了。

（5）校核检查　最后，按照正确、完整、清晰的要求进行检查调整，如图 5-91c 所示。

5.9　轴测投影图

多面正投影图是在工程中广泛应用的图样，它通常能较完整地表达出物体各部分的形状，且作图方便。但这种图样直观性差，一个视图只能反映立体上两个坐标轴方向的尺寸和形状，不能同时反映物体三个坐标轴方向的尺寸和形状。要想象出物体的结构，必须对照几个视图和运用正投影的原理进行阅读，给读图带来了一定的困难。为了解决这个问题，工程上常用轴测图作为辅助图样，它虽然度量性差、作图复杂，但直观性好，比多面正投影图形象生动。

1. 轴测图的基本知识

（1）轴测投影（轴测图）的形成　轴测投影是将物体连同其直角坐标体系，沿不平行于任一坐标平面的方向，用平行投影法将其投射在单一投影面上所得的图形，称为轴测投影，简称轴测图（见图 5-92）。

轴测投影的单一投影面称为轴测投影面，如图 5-92 中的平面 P。

在轴测投影面上的坐标轴 OX、OY、OZ 称为轴测投影轴，简称轴测轴。

根据投射方向与轴测投影面的相对位置不同，可得到不同的轴测图。投射方向垂直于轴测投影面时称为正轴测投影；而倾斜于轴测投影面时称为斜轴测投影。三个轴测轴的伸缩比例都相等的称为"等测"，两个轴测轴的伸缩比例相等的称为"二测"。常用的是正等轴测图和斜二等轴测图。

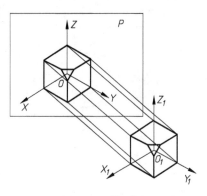

图 5-92　轴测图

（2）轴测投影的基本特性　由于轴测图是根据平行投影法画出来的，因此它具有平行投影的基本性质。其主要投影特性概括如下：

1）空间互相平行的线段，在同一轴测投影中一定互相平行。与直角坐标轴平行的线段，其轴测投影必与相应的轴测轴平行。

2）与轴测轴平行的线段，按照该轴的轴向伸缩系数进行度量。与轴测轴倾斜的线段，不按照该轴的轴向伸缩系数进行度量。因此，绘轴测图时，必须沿轴向测量。

2. 正等轴测图

（1）正等轴测图的形成　当三根坐标轴与轴测投影面倾斜的角度相同时，用正投影法得到的投影图称为正等轴测图，简称正等测。

（2）正等轴测图的轴间角和轴向伸缩系数　由图 5-93 可知，正等轴测图的轴间角 $\angle XOY = \angle XOZ = \angle YOZ = 120°$。画图时，一般使 OZ 处于垂直位置，OX、OY 轴与水平成

30°。可利用30°的三角板与丁字尺方便地画出三根轴测轴，如图 5-93 所示。三根轴的简化伸缩系数都相等（$p = q = r = 1$）。这样在绘制正等轴测图时，沿轴向的尺寸都可在投影图上的相应轴按 1:1 的比例量取。

3. 斜二等轴测图

（1）斜二等轴测图的形成   如果使 XOZ 坐标面平行于轴测投影面，采用斜投影法，也能得到具有立体感的轴测图。当所选的斜投射方向使 O_1Y_1 轴与 O_1X_1 轴的夹角为 135°，并使 O_1Y_1 轴的轴向伸缩系数为 0.5 时，这种轴测图称为斜二等轴测图，简称斜二测。

（2）斜二等轴测图的轴间角和轴向伸缩系数   将坐标轴 OZ 置于铅垂位置，坐标面 XOZ 平行于轴测投影图，且投射方向与三个坐标轴都不平行时形成正面斜轴测图。在正面斜二测图中：轴向伸缩系数 $p = r = 1$，$q = 0.5$，轴间角 $\angle XOZ = 90°$，$\angle XOY = \angle YOZ = 135°$，如图 5-94所示。

正面斜二等轴测图的正面形状能反映形体正面的真实形状。特别当形体正面有圆和圆弧时，画图简单方便，这是它的最大优点。但平行于 XOY、YOZ 两坐标面的圆的斜二等轴测图为椭圆，而这种椭圆的长、短轴不再具有正等轴测图椭圆的长、短轴与轴测轴垂直和平行的规律，且作图较复杂。另外，斜二等轴测图的立体感较正等轴测图稍差。因此，正面斜二等轴测图只适于正面上多圆或圆弧的形体。

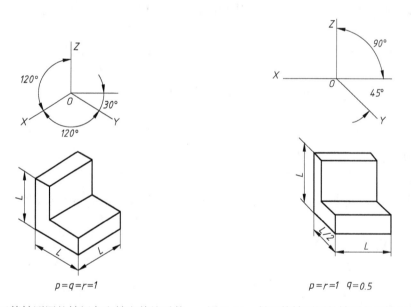

图 5-93   正等轴测图的轴间角和轴向伸缩系数   图 5-94   斜二等轴测图的轴间角和轴向伸缩系数

本 章 小 结

本章主要介绍了国家制定和颁布实施的国家标准（简称"国标"，代号"GB"）中的一些规定，还介绍了点、直线和平面的投影以及平面立体的投影、平面与立体的截交线以及立体与立体的相贯线。

1）机械图样是设计和制造机械的重要技术文件，是工程界的共同语言，因此在绘图过程中必须遵守技术制图和机械制图国家标准及相关技术标准。

2）本章介绍了技术制图和机械制图国家标准中图纸幅面及格式、比例、字体、图线和尺寸注法等内容。在学习过程中对于这些内容，无须死记硬背，在看图时只要多查阅、多参考，经过一定的实践后便可掌握。

3）等分线段、画多边形、画斜度线、画锥体和画圆弧连接线等操作在绘图过程中经常用到，掌握正确的操作方法和技巧，是确保我们正确绘图和提高绘图效率的基础，应当熟练掌握。

4）点是最基本的几何元素，应熟练掌握点的投影规律、点的投影和坐标之间的关系，以及两点的相对位置和重影点等。

5）在直线的投影部分，应熟练掌握各种位置直线的投影特征，会求线段的实长和倾角及直线上的点，掌握两直线的相对位置以及直角的投影。

6）掌握平面的各种表示方法，能够准确识别各种位置平面的投影，会作平面上的点和直线，尤其是特殊位置直线。

7）平面立体的表面由平面组成，其棱线是各表面的交线。绘制平面立体的投影，实际上是绘制平面立体各表面的投影。各表面由棱线围成，每条棱线由其两端点确定，因此，绘制平面立体的投影，可归结为绘制各表面的交线及各顶点的投影。在平面立体表面上取点、取线的方法与在平面上取点、取线的方法相同，需注意的是应首先分清它们位于哪一个表面上，然后再求解。

8）求截交线和相贯线是求相交元素的共有线，求共有线的问题是求共有点。求截交线和相贯线时，首先应对题目进行空间分析和投影分析，知道已知的是什么，要求的是什么，明确需用什么方法来解题，然后再进行作图。作图的步骤为：

① 求特殊点。

② 求一般点。

③ 判别可见性。

④ 整理轮廓线。

9）完整标注组合体尺寸也是十分重要的，应掌握按形体分析标注尺寸的方法。

第6章

机件形状的常用表达方法

1）了解视图的种类、画法及标注。

2）掌握剖视图的种类、画法、标注及剖切面的形式。

3）掌握断面图的种类、画法及标注。

4）掌握局部放大图及常用的简化表示法。

5）了解 NX 软件工程图的设计环境和参数预设置。

6）掌握 NX 软件中图纸的新建、打开、删除和编辑操作。

7）掌握 NX 软件中视图的创建。

6.1 视图

机件向投影面投射所得的图形，称为视图。视图主要用来表达机件的外部结构形状，包括基本视图、向视图、局部视图和斜视图。

6.1.1 基本视图

根据国标规定，在原有三个投影面的基础上，再增设三个投影面，组成一个正六面体，把六面体的六个面作为投影面，称它们为基本投影面。机件在基本投影面上的投影称为基本视图，如图 6-1 所示。除已介绍过的三个视图以外，还有右视图——由右向左投射所得到的视图；仰视图——由下向上投射所得到的视图；后视图——由后向前投射所得到的视图。

（1）基本投影面的展开和基本视图的配置 六个投影面在展开时，仍然保持正面不动，其他各个投影面如图 6-1 所示，展开到与正面在同一平面上，展开后各基本视图的配置关系如图 6-2 所示。在同一张图纸内，按图 6-2 配置视图时，一律不标注视图的名称。

（2）基本视图的投影规律及位置对应关系 三视图的投影规律对六个基本视图仍然适合。

1）六个基本视图的度量对应关系，仍保持长对正、高平齐、宽相等。即主、俯、仰视图长对正并与后视图长相等；主、左、右、后视图高平齐；

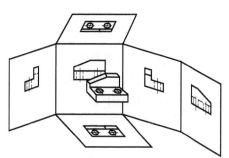

图 6-1　六个基本投影面及其展开

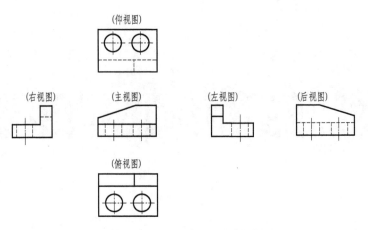

图 6-2　六个基本视图的配置

左、右、俯、仰视图宽相等。

2）六个基本视图的位置对应关系是：主、左、右、后四个视图的上、下与机件的上、下是相对应的；主、俯、仰三个视图的左、右与机件的左、右是相对应的，而后视图的左侧表示的是机件的右边，后视图的右侧表示的是机件的左边；俯、左、右、仰视图远离主视图的一侧表示的是机件的前面，而它们靠近主视图的一侧则表示机件的后面。

6.1.2　向视图

向视图是可以自由配置的视图，其表达方式如图 6-3 所示。在向视图的上方标注"×"（×为大写拉丁字母）；在相应视图的附近用箭头指明投射方向，并标注相同的字母。

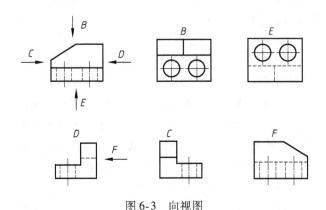

图 6-3　向视图

在实际应用时，要注意以下几点：

1）向视图是基本视图的另一种表现形式，它们的主要差别在于视图的配置发生了变化。所以，在向视图中表示投射方向的箭头应尽可能配置在主视图上，以使所获视图与基本视图相一致。而绘制以向视图方式表达的后视图时，应将投射箭头配置在左视图或右视图上。

2）向视图的视图名称×为大写拉丁字母，无论是在箭头旁的字母，还是视图上方的字母，均应与读图方向相一致（水平书写），以便于识别。

6.1.3 局部视图

当机件的某一局部形状没有表达清楚，而又没有必要用一完整基本视图表达时，可单独将这一部分向基本投影面投射，得到基本视图的一部分。将机件的某一部分向基本投影面投射所得到的视图，称为局部视图。如图6-4a所示，机件左侧的凸台在主、俯视图中表达不够清晰，而又没有必要画出完整的左视图，这时可用局部视图加以表达。

局部视图的主要作用是：减少基本视图的数目，使视图表达重点突出；简化作图，避免结构的重复表达。

局部视图的画法和标注规定如下：

1）局部视图的断裂边界应用波浪线或双折线表示。用波浪线代表机件的断裂边界时，所选择断裂边界不同，图形将发生相应变化，如图6-4a所示凸台的局部视图"A"与"（或）A"。当所表达的局部结构是完整的，且外轮廓线又封闭时，波浪线或双折线可省略不画。

注意：波浪线不应与机件的轮廓线重合或在轮廓线的延长线上，波浪线不应画在没有断裂边界的地方。图6-4b所示波浪线画法错误。

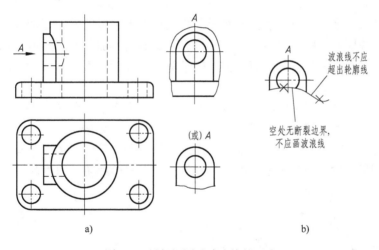

图6-4 局部视图及波浪线的画法

2）局部视图一般按投影关系配置，必要时也可配置在其他适当位置。当局部视图按投影关系配置，之间又无其他视图隔开时，可省略标注；当局部视图不按投影关系配置时，需进行标注，标注方法与向视图的标注方法相同。

6.1.4 斜视图

斜视图是物体向不平行于基本投影面的平面投射所得的视图。

当物体上有不平行于基本投影面的倾斜结构时，在基本投影面的投影部分就不能反映该部分的实形，又不标注尺寸。为了表达倾斜部分的真实形状，可按换面法的原理，选择一个与物体倾斜部分平行，且垂直于某一个基本投影面的辅助投影面，将该倾斜部分的结构形状向辅助投影面投射，这样得到的视图，称为斜视图，如图6-5b的A视图。

图 6-5a 所示为一弯板的立体图，弯板的右上部分的倾斜结构形状在主、俯视图中均不能反映该部分的实形，可将弯板向平行于"斜板"且垂直于正立投影面的辅助投影面 P 投射，画出"斜板"的投影图，再将其展平与正立投影面重合，即得"斜板"的斜视图，如图中的 A 视图。

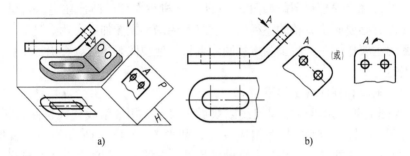

图 6-5　斜视图

斜视图只反映物体上倾斜结构的实形，而不需要表达的其余部分可省略不画，用波浪线或双折线断开，如图 6-5b 的 A 视图。

斜视图的配置和标注形式如图 6-5b 所示。必要时允许将斜视图旋转，使其图形的主要轮廓线或中心线成水平或垂直位置。通常用带有大写拉丁字母的箭头指明部位和投射方向，在斜视图的上方注明斜视图的名称"×"。若将斜视图旋转配置时，应加注旋转符号，表示斜视图名称的大写拉丁字母应靠近旋转符号的箭头端，如图 6-5b 所示。必要时，也允许将旋转角度标注在字母之后，如图 6-6 所示。

旋转符号是表示斜视图旋转配置时该视图旋转方向的符号。旋转符号的画法如图 6-7 所示。斜视图旋转时，其旋转方向可以是顺时针旋转，也可以是逆时针旋转，标注时旋转符号的方向要与实际视图旋转方向一致，以便于读图。斜视图的旋转角度可根据具体情况确定，为了避免出现图形倒置等而产生读图困难的现象，允许图形旋转的角度超过90°，最终旋转至与基本视图方向一致的位置。

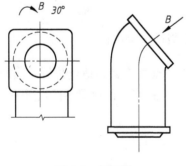

图 6-6　斜视图

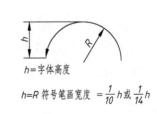

图 6-7　旋转符号

6.2　剖视图

物体上不可见的结构形状，规定用虚线表示，如图 6-8a 所示。当物体内部形状较复杂时，视图上虚线过多，会给读图和标注尺寸增加困难，为此，国家标准规定采用剖视图来清晰地表达物体的内部形状。

6.2.1 剖视的基本概念及画法

如图 6-8c 所示，假想用剖切面剖开物体，将位于观察者和剖切面之间的部分移去，而将其余部分向投影面投射所得的图形称为剖视图，如图 6-8b 中的主视图。

1. 剖视图的画法

（1）确定剖切面的位置 一般常用平面作为剖切面（也可用柱面）。画剖视图时，首先要选择恰当的剖切位置。为了表达物体内部的真实形状，剖切面一般应通过物体内部结构的对称平面或孔的轴线，并平行于相应的投影面。如图 6-8c 所示，剖切面为正平面且通过物体的前后对称平面。

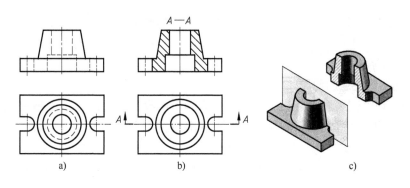

图 6-8 剖视图

（2）画剖视图 剖切平面剖切到的物体断面轮廓和其后面的可见轮廓线，都用粗实线画出，如图 6-8b 所示。

（3）画剖面符号 应在剖切面切到的断面轮廓内画出剖面符号。技术制图国家标准中规定，当不需要在剖面区域中表示材料的类别时，可采用通用剖面线来表示。通用剖面线应以与主要轮廓或剖面区域的对称线成适当角度（最好采用45°角）的等距细实线表示。当需要在剖面区域中表示材料的类别时，应按不同的材料画出剖面符号。在同一张图样上，同一物体在各剖视图上剖面线的方向和间隔应保持一致，如图 6-8b 所示。

2. 剖视图的标注

1）一般应在剖视图的上方用大写拉丁字母标出剖视图的名称"×—×"。字母必须水平书写，如图 6-8b 所示。

2）在相应的视图上用剖切符号及剖切线表示剖切位置和投射方向，并在剖切符号旁标注和剖视图相同的大写拉丁字母"×"，水平书写，如图 6-8b 所示。

3）剖切符号是包含指示剖切面起、止和转折位置（用粗实线表示）及投射方向（用箭头表示）的符号。尽可能不要与图形的轮廓线相交；投射方向用箭头表示，画在剖切符号的两外端，并与剖切符号末端垂直，如图 6-9a 所示。

4）剖切线是指示剖切面位置的线（细单点画线）。剖切符号、剖切线和字母的组合标注，如图 6-9a 所示。剖切线也可省略不画，如图 6-9b 所示。

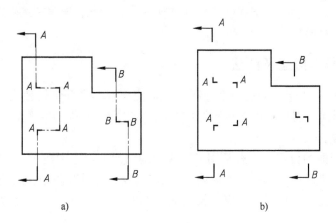

a)   b)

图6-9   剖切符号、剖切线和字母的组合标注

5）当剖视图按基本视图关系配置，且中间没有其他图形隔开时，可省略箭头。

6）当单一剖切平面通过物体的对称平面或基本对称平面，且剖视图按基本视图关系配置时，可以不加标注。

3. 画剖视图应注意的问题

1）假想剖切。剖视图是假想把物体剖切后画出的投影，目的是清晰地表达物体的内部结构，仅是一种表达手段，其他未取剖视的视图应按完整的物体画出，如图6-8b中的俯视图。

2）虚线处理。为了使剖视图清晰，凡是其他视图上已经表达清楚的结构形状，虚线省略不画。

3）剖视图中不要漏线，剖切平面后的可见轮廓线应画出，如图6-10和图6-11所示。

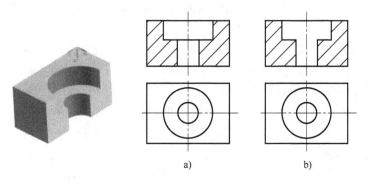

a)   b)

图6-10   不要漏画台阶面

a）正确   b）错误

6.2.2   剖视图的种类

剖视图可分为全剖视图、半剖视图和局部剖视图三种。

1. 全剖视图

用剖切平面将物体完全剖开后所得的剖视图称为全剖视图。

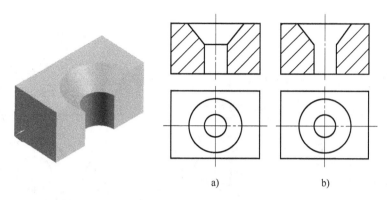

图 6-11 不要漏画交线

a）正确   b）错误

全剖视图主要用于表达外形简单，内部结构比较复杂，且物体的不对称方向的视图（见图 6-12），或者形状对称，但物体的外形简单时，也可采用全剖视图。

全剖视图的标注按上文剖视图的标注原则处理。当在基本视图中画剖视图且两视图之间又没有其他图形隔开时，可省略剖切符号中的箭头，如图 6-12 所示。当单一剖切面通过物体的对称或基本对称平面时，且剖视图配置在基本视图位置，中间又没有其他图形隔开，可省略标注。

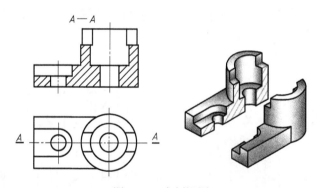

图 6-12 全剖视图

2. 半剖视图

当物体具有对称平面时，向垂直于对称平面的投影面上投射所得的图形，以对称中心为分界，一半画成剖视图以表达内形，一半画成视图以表达外形，称为半剖视图，如图 6-13 所示，半剖视图主要用于内、外形均需要表达，且物体的对称面垂直于投影面的情况。有时物体的形状接近于对称，且不对称部分已在其他视图表达清楚时，也可画成半剖视图，如图 6-14 所示。

半剖视图的标注方法与全剖视图的标注方法相同。图 6-13 所示的俯视图画成半剖视图，因剖切平面未通过物体的对称平面，所以必须加标注。

在画半剖视图时，视图与剖视图的分界线必须画成细单点画线，不能画成粗实线或其他类型线。由于图形是对称的，所以在画视图部分时，表示内部形状的细虚线可省略不画，如图 6-14 所示。

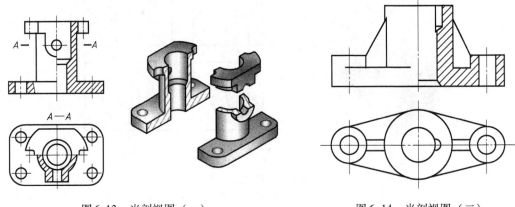

图 6-13　半剖视图（一）　　　　　　　　图 6-14　半剖视图（二）

3. 局部剖视图

用剖切面将物体局部剖开所得的剖视图称为局部剖视图。通常用波浪线或双折线表示剖切范围，如图 6-15 所示。

局部剖视图一般用于内、外形均需表达的不对称物体，如图 6-16 所示。局部剖视图是一种比较灵活的表达方法，其剖切范围也可根据实际需要选取，运用得当可使图形简明清晰。但在一个视图中过多地选用局部剖视图，则会给读者带来看图的困难，因此选用局部剖视图应考虑看图的方便。

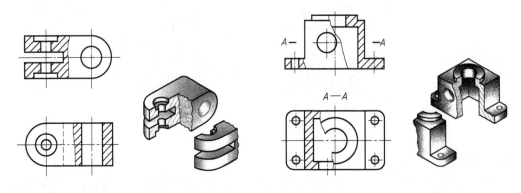

图 6-15　局部剖视图（一）　　　　　　　图 6-16　局部剖视图（二）

局部剖视图的画法及标注方法如下：

1）局部剖视图与视图之间用波浪线分界，其画法如图 6-17a 所示。波浪线相当于剖切部分的表面断裂线，因此波浪线不可与图形轮廓线重合（见图 6-17b），也不应画在剖切平面与观察者之间的通孔、通槽内或超出剖切范围轮廓线之外（见图 6-17c）。

2）当视图为对称图形，但其对称中心线与其他图线重合时，则应画局部剖视图，如图 6-18所示。

3）当被剖切的结构为回转体时，允许将该结构的中心线作为局部剖视图与视图的分界线，如图 6-19 所示。

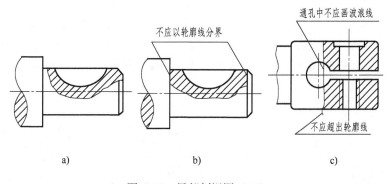

图 6-17 局部剖视图（三）
a）正确 b）错误 c）错误

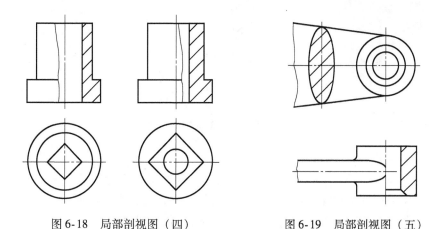

图 6-18 局部剖视图（四）   图 6-19 局部剖视图（五）

4）对于单一剖切平面剖切，且剖切位置明显的局部剖视图，其标注可省略，如图 6-15 所示。若剖切位置不明显或视图不在基本视图位置时，应加标注，其标注方法与全剖视图相同，如图 6-16 所示。

6.2.3 剖切面的种类

根据物体的结构特点，可选择以下剖切平面剖开物体，即单一剖切平面、几个相交的剖切平面（交线垂直于基本投影面）和几个平行的剖切平面等。无论采用哪种剖切平面剖开物体，均可获得全剖视图、半剖视图和局部剖视图。

1. 单一剖切面

仅用一个剖切面剖开机件的方法，称为单一剖切。单一剖切平面分为：

（1）用平行于某一基本投影面的平面剖切 上文介绍的全剖视图、半剖视图和局部刮视图，其图例均是用平行于某一基本投影面的单一剖切平面剖开机件所得，这是最常用的剖切方法。

（2）用不平行于任何基本投影面的平面剖切 用不平行于任何基本投影面的平面剖开机件的方法称为斜剖，如图 6-20 所示，斜剖主要用于表达机件上倾斜部分的内部结构形状。与斜视图一样，先选择一个与该倾斜部分平行的辅助投影面，然后用一个平行于该投影面的平面剖切机件，投影后再将此辅助投射面按投射方向旋转展开。

斜剖视图要加标注，剖切平面是倾斜的，但标注的字母必须水平书写。为了读图方便，斜剖视图应尽量配置在与投影关系相对应的位置，必要时可以配置在其他适当位置。在不引起误解的情况下，允许将图形旋转，并注明"X—X 旋转符号"，如图 6-20b 所示。

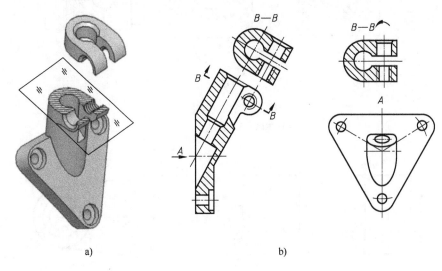

图 6-20　斜视图

2. 两相交剖切面

如图 6-21 所示，当机件的内部结构形状用一个剖切平面不能表达完全，而机件又具有回转轴时，可以采用两个相交的剖切平面剖开机件，并将与基本投影面不平行的那个剖切平面剖开的结构及其有关部分旋转到与基本投影面平行再进行投射，这种剖视称为旋转剖视。

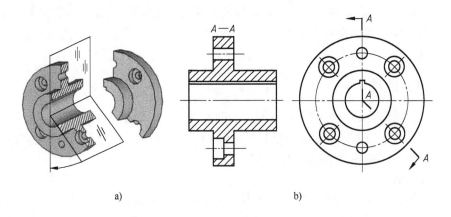

图 6-21　旋转视图

采用旋转剖画视图时，首先把由倾斜平面剖开的结构连同有关部分旋转到与选定的基本投影面平行，然后再进行投影，如图 6-21 中的"A—A"剖视图所示。

在剖切平面后的其他结构一般仍按原来位置投影，如图 6-22 中的油孔。当剖切后产生不完整要素时，应将该部分按不剖画出，如图 6-23 所示。

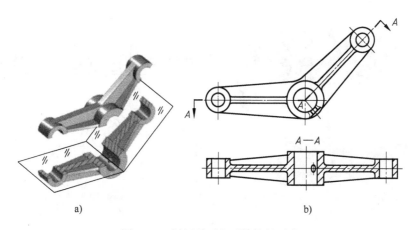

图 6-22　剖切平面之后结构的画法

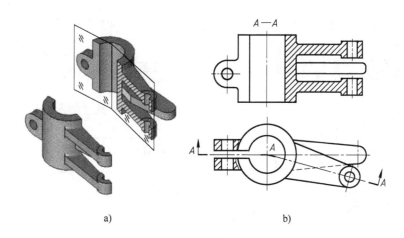

图 6-23　剖切后产生不完整要素的画法

　　旋转剖必须标注。标注时，在剖切平面的起、止和转折处画上剖切符号，并在其附近标注大写的拉丁字母，在起、止处画出箭头表示投射方向；在所画视图上方中间位置处用相同字母注出剖视图名称"×—×"，如图 6-21、图 6-22 和图 6-23 所示。

3. 几个平行的剖切平面

　　用几个平行的剖切平面剖开机件的方法称为阶梯剖，如图 6-24 所示中的"A—A"剖视图。阶梯剖适用于有较多的内部结构，而且它们的轴线或对称面不在同一平面内的机件。

　　用阶梯剖画剖视图时，应注意：

　　1）不应在剖视图中画出各剖切平面的分界线，如图 6-25a 所示。

　　2）剖切面转折处的位置不应同机件结构的轮廓线重合，如图 6-25b 所示。

　　3）在图形内不应出现不完整的结构要素，仅当两个要素在图形上具有公共对称中心线或轴线时，可以各画一半，此时应以对称中心或轴线为界，如图 6-26 所示。

　　阶梯剖必须标注，方法同旋转剖。当转折处的地方很小时，可省略字母。

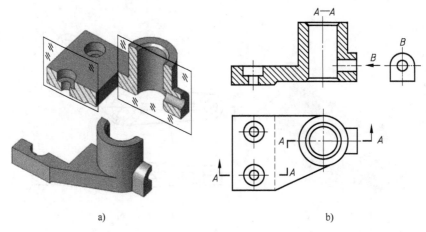

图 6-24　阶梯剖

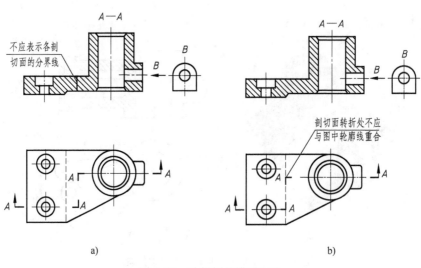

图 6-25　阶梯剖的错误画法

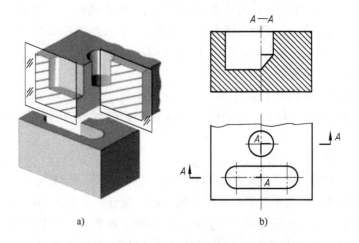

图 6-26　具有公共对称线的要素的阶梯剖画法

4. 组合的剖切面

除了旋转剖、阶梯剖之外，用组合的剖切面剖开机件的方法称为复合剖，如图 6-27 所示的 "A—A" 剖视图。该剖视图实际是由旋转剖和阶梯剖组合剖切而成。

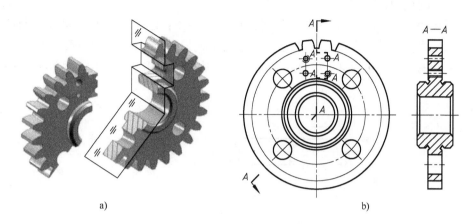

图 6-27　复合剖

当采用连续几个旋转剖的复合剖时，一般用展开画法（即先将剖切平面按顺序由上到下展开在同一平面上，然后再投射），如图 6-28 所示中的 "A—A 展开"。

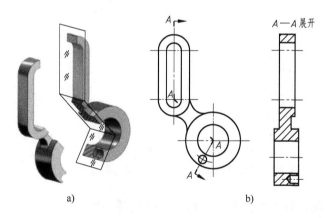

图 6-28　复合剖的展开画法

复合剖的标注和上文剖视图的标注相同，只有采用展开画法时，才在剖视图上方中间位置标注 "×—×展开"。

6.3　断面图

6.3.1　断面图的概念

假想用剖切平面将机件某处剖开，仅画出断面的图形，这个图形称为断面图。断面图通常用来表示机件上某一结构的断面形状，如肋板、轮辐、轴上键槽和孔等。

图 6-29a 是一根轴的两视图。在图 6-29a 中的左视图上，画出了表示各段直径不相同的轴和键槽、通孔的投影，图形很不清楚。为了得到具有键槽和通孔轴段断面的清晰形状，可采用如图 6-29b 所示的方法，假想在键槽和通孔处用垂直于轴线的剖切平面将轴切开，画出如图 6-29c、d 所示的断面图。

对比图 6-29c、e 可知，断面图和剖视图的区别在于：断面图仅画出机件的断面形状。而剖视图则是将机件处在观察者与剖切平面之间的部分移去后，除了断面形状外，还要画出机件留下部分的投影。正因如此，在一些机件的表达中，采用断面图比剖视图更显得简洁、明了。

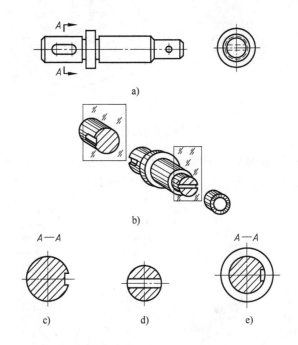

图 6-29 轴的断面图、断面图和剖视图的区别
a）视图 b）作断面图的过程 c）A—A 断面 d）断面 e）A—A 剖视

如图 6-30 所示的机件左侧三角形肋板，从肋板前表面到后表面的过渡情况只有假想用垂直于所需表达结构主要轮廓的剖切平面切开，画出断面图，才能表达得既清晰、直观，又简洁、明了。图 6-30 中画出了两个断面图，表达了其中两种可能情况。

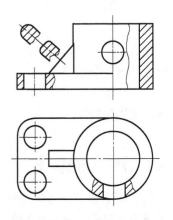

6.3.2 断面图的种类、画法和标注

断面图可分为移出断面图和重合断面图两种。

1. 移出断面图

（1）移出断面图的画法

1）移出断面图轮廓线用粗实线绘制，同时画上剖面符号，如图 6-31 所示。

图 6-30 机件上肋板的断面图

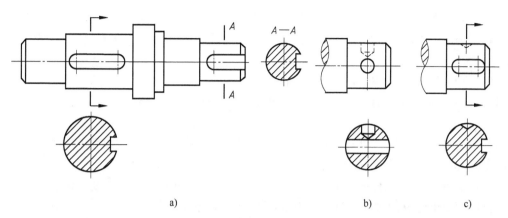

图 6-31　轴的移出断面图

2）移出断面图应尽量配置在剖切符号或剖切线（用细单点画线表示）的延长线上，如图 6-31a 左侧断面、图 6-31b、c 所示。必要时可配置在其他位置，如图 6-31a 右侧断面所示。在不引起误解时，允许将图形旋转，但必须用旋转符号注明旋转方向，如图 6-32a 所示。

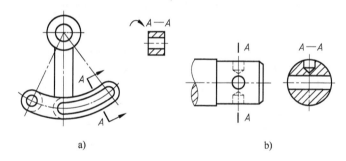

图 6-32　按剖视图绘制的移出断面图及断面图的旋转

3）当剖切平面通过回转面形成的孔或凹坑轴线时，这些结构的断面图按剖视图绘制，即画成闭合图形，如图 6-31b、c 和图 6-32b 所示。

4）当剖切平面通过非圆孔，会导致出现完全分离的断面时，这些结构的断面图按剖视图绘制，如图 6-32a 所示。

5）断面图形对称时，可画在视图中断处，如图 6-33 所示。

6）用两个剖切平面剖切得到的移出断面图，中间应断开，每个剖切平面都应该垂直于所需表达机件结构的主要轮廓或轴线，如图 6-34 所示。

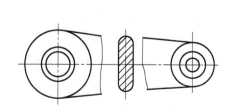

图 6-33　移出断面布置在视图中间断开处

图 6-34　两相交剖切平面得到的移出断面图

（2）移出断面图的标注　移出断面图一般应用剖切符号表示剖切位置和投射方向，注上字母，并在断面图上方用同样的字母标出相应的名称"×—×"，如图6-29c和图6-32所示。

在以下几种情况，可以部分或全部省略标注。

1）配置在剖切线或剖切符号延长线上的移出断面图，可省略字母，如图6-31a左侧断面和图6-31b、c所示。

2）对称移出断面图，以及按投影关系配置的移出断面图，可省略箭头。如图6-29d、图6-31a和图6-32b右侧断面所示。

3）配置在剖切线延长线上的对称移出断面图，以及配置在视图中断处的移出断面图，不需标注，如图6-29d、图6-31b、图6-33和图6-34所示。

2. 重合断面图

（1）重合断面图的画法　用细实线绘制重合断面图的轮廓线，同时画上剖面符号。当视图中的轮廓线与重合断面图形重合时，视图中的轮廓线应连续画出，不可间断，如图6-35所示。

（2）重合断面图的标注　对称的重合断面图不需标注，如图6-35a所示；不对称的重合断面图不必标注字母，要在剖切符号处画上箭头，以表明投射方向，如图6-35b所示。

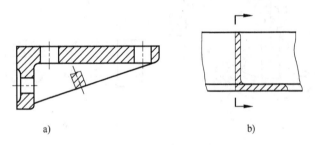

图6-35　重合断面图

a）对称的重合断面图　b）不对称的重合断面图

6.4　机件的其他表达方式

6.4.1　局部放大图

将机件的部分结构，用大于原图形所采用的比例画出的图形，称为局部放大图。如图6-36所示机件的螺纹退刀槽和挡圈槽的局部放大图。当机件上的某些细小结构在原图形中表达得不清楚或不便于标注尺寸时，可采用局部放大图。局部放大图可以画成剖视图、断面图或视图，与被放大部位的表达方式无关。

绘制局部放大图时，应用细实线的圆或椭圆圈出被放大部位，并尽量将图形配置在被放大部位的附近，便于对照阅读。当一机件上有几个需要放大的部位时，必须用罗马数字依次标明被放大部位，并在局部放大图的上方标注出相应的罗马数字和所采用的比例。当机件上只有一个被放大部位时，在局部放大图上方只需注明所采用的比例。

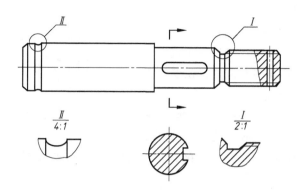

图 6-36　局部放大图

6.4.2　简化画法

简化画法是在不妨碍物体的形状和结构表达完整、清晰的前提下，力求制图简便、看图方便而制定的，以减少绘图的工作量，提高设计效率及图样的清晰度，加快设计进度。

简化画法的应用比较广泛，下文将介绍一些常用的简化画法。

1. 肋、轮辐及薄壁的简化画法

1）对于物体的肋、轮辐及薄壁等，如按纵向剖切（剖切平面平行于它们的厚度表面），这些结构都不画剖面符号，而用粗实线将它与其相连接部分分开，如图 6-37 所示。

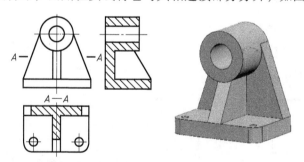

图 6-37　薄壁的简化画法

2）当零件回转体上均匀分布的肋、轮辐和孔等结构不处于剖切平面上时，可将这些结构旋转到剖切平面上画出，如图 6-38 所示。

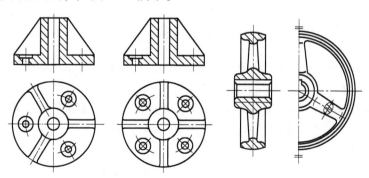

图 6-38　肋、轮辐和薄壁的简化画法

2. 相同结构的简化画法

1) 当物体具有若干相同且成规律分布的孔（圆孔、螺孔和沉孔等）时，可以仅画出一个或几个，其余只需用细单点画线表示其中心位置，在零件图中应注明孔的总数，如图6-39所示。

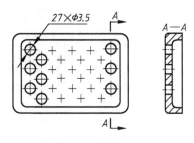

2) 当物体具有若干相同的结构（齿、槽等），并按一定规律分布时，只需画出几个完整的结构，其余用细实线连接，在零件图中注明结构的总数，如图6-40a、b所示。

图6-39 成规律分布的孔的表达方式

3) 物体上的滚花部分及网状物、编织物，可在轮廓线附近用粗实线局部示意画出，并在零件图的图形上或技术要求中注明这些结构的具体要求，如图6-41所示。

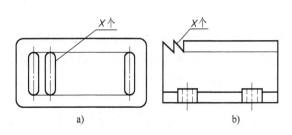

图6-40 相同结构的表达方式

图6-41 滚花的表达方法

3. 较小结构和斜度的简化画法

1) 物体上较小的结构，如在一个视图中已表示清楚时，其他视图可省略不画，如图6-42a所示，或者简化，如图6-42b、c把交线简化成直线。

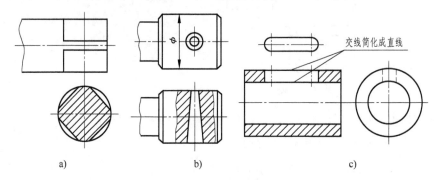

图6-42 较小结构的简化画法

2) 物体上斜度不大的结构，如在一个视图中已表示清楚时，其他图形可按小端绘制，如图6-43所示。

3) 在不引起误解时，零件图中的小圆角、锐边的小圆角或45°小倒角允许省略不画，但必须注明尺寸或在技术要求中加以说明，如图6-44所示。

4. 其他简化画法

1) 在不引起误解时，对称机件的视图，可以只画1/2或1/4，并在对称中心线两端画出两条与其垂直的平行细实线，如图6-45所示。

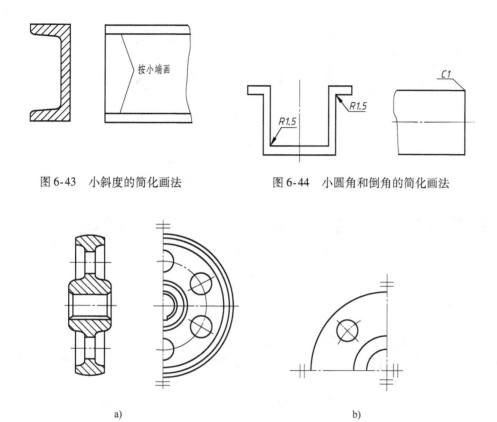

图 6-43　小斜度的简化画法　　　　图 6-44　小圆角和倒角的简化画法

a)　　　　　　　　　　　　　　b)

图 6-45　对称机件视图的简化画法

2）零件上对称结构的局部视图，可单独画出该结构的图形，如图 6-42c 所示键槽的视图。

3）较长的机件（轴、杆、型材和连杆等）沿长度方向的形状一致或按一定规律变化时，允许断开缩短绘制（用波浪线表示断裂边界），但必须按机件原来的实际长度标注尺寸，如图 6-46 所示。实心圆柱和空心圆柱的断裂处也可以按图 6-47 所示绘制。

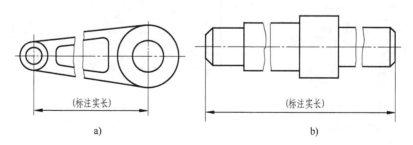

（标注实长）　　　　　　　　　　　　（标注实长）

a)　　　　　　　　　　　　　　　　b)

图 6-46　较长机件的简化画法

a）形状按一定规律变化　b）形状一致

4）当图形不能充分表达平面时，可用平面符号（用两条细实线画出对角线）表示，如图 6-48 所示。

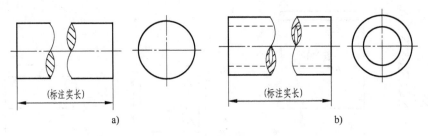

图 6-47　实心圆柱和空心圆柱断裂处的简化画法

a）实心圆柱断裂处的画法　b）空心圆柱断裂处的画法

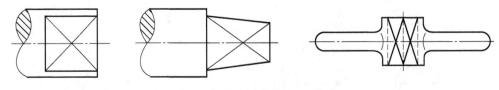

图 6-48　用平面符号表示平面

5）在剖视图中可再作一次局部剖视。采用这种表达方法时，两个剖面的剖面线应同方向、同间隔，但需互相错开，并用引出线标注其名称，如图 6-49 所示。如果剖切位置明显，也可省略标注。

6）在需要表示位于剖切平面前的结构时，这些结构按假想投影的轮廓线（细双点画线）绘制，如图 6-50 所示。

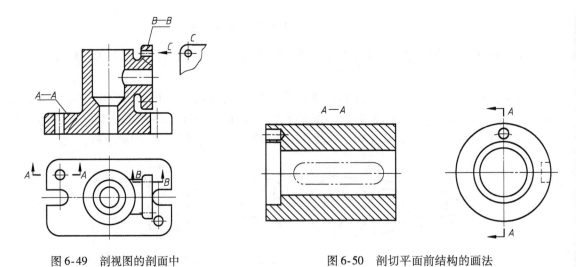

图 6-49　剖视图的剖面中
再作局部剖视的画法

图 6-50　剖切平面前结构的画法

6.5　NX 软件工程图概述

利用 NX 软件建模功能创建的实体模型，可以被引用到 NX 软件制图功能中快速生成二维工程图。NX软件制图功能模块建立的二维工程图是由投影三维实体模型得到的，因此，二维工程图与三维实体模型完全关联。三维实体模型的任何修改都会引起二维工程图相应的变化。

6.5.1 进入NX软件工程图设计环境

在NX软件中，用户可以运用【制图】模块，在建模基础上生成平面工程图。由于建立的平面工程图是由三维实体模型投影得到的，因此，平面工程图与三维实体模型完全关联，三维实体模型的尺寸、形状，以及位置的任何改变都会引起平面工程图相应的更新，更新过程可由用户自己控制。下面将详细介绍进入工程图设计环境的操作方法。

1）启动NX软件应用程序，打开需要创建图纸的模型，选择下拉菜单【开始】→【制图】命令，进入制图环境。

2）在菜单栏中选择【文件】→【新建】菜单项，打开【新建】对话框，选择【图纸】选项卡，在【模板】列表框中选择准备使用的模板，文件名称默认为：模型名称_dwg1.prt，路径默认为和模型同一路径，如有需要也可对名称和路径进行更改。单击【确定】按钮即可进入工程图环境，如图6-51所示。

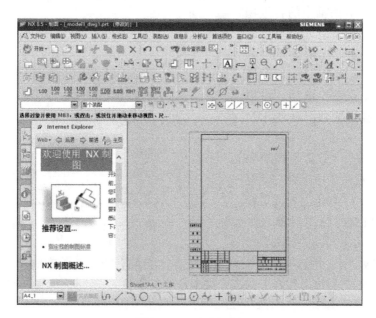

图6-51　工程图环境

6.5.2 工程图参数预设置

NX软件默认安装后提供了多个国际通用的制图标准，其中系统默认的制图标准"GB（出厂设置）"中的很多选项不满足企业具体制图的需要，所以在创建工程图之前，一般先要对工程图参数进行预设置。通过工程图参数的预设置可以控制箭头大小、线条的粗细、隐藏线的显示与否、标注的字体和大小等。用户可以通过预设置工程图的参数来改变制图环境，使所创建的工程图符合我国国标。本节将详细介绍工程图参数预设置的相关知识。

1. 工程图参数设置

选择下拉菜单【首选项】→【制图】菜单项，系统即可弹出【制图首选项】对话框，如图 6-52 所示。

该对话框的详细功能如下：

1）设置视图和注释的版本。

2）设置成员视图的预览样式。

3）设置图纸页的页号及编号。

4）视图的更新和边界、显示抽取边缘的面及加载组件的设置。

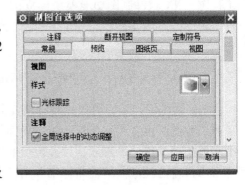

图 6-52 【制图首选项】对话框

5）保留注释的显示设置。

6）设置断开视图的断裂线。

2. 原点参数设置

在菜单栏中选择【编辑】→【注释】→【原点】菜单项，系统即可弹出【原点工具】对话框，如图 6-53 所示。

【原点工具】对话框中的各选项的说明如下：

【拖动】：通过光标来指示屏幕上的位置，从而定义制图对象的原点。如果选择【关联】选项，可以激活【点构造器】选项，以便用户可以将注释与某个参考点相关联。

【相对于视图】：定义制图对象相对于图样成员视图的原点移动、复制或旋转视图时，注释也随着成员视图移动。只有独立的制图对象（如注释、符号等）可以与视图相关联。

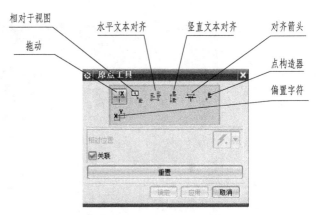

图 6-53 【原点工具】对话框

【水平文本对齐】：该选项用于设置在水平方向与现有的某个基本制图对象对齐。此选项允许用户将源注释与目标注释上的某个文本定位位置相关联。打开时，会让尺寸与选择的文本水平对齐。

【竖直文本对齐】：该选项用于设置在竖直方向与现有的某个基本制图对象的对齐。此选项允许用户将源注释与目标注释上的某个文本定位位置相关联。打开时，会让尺寸与选择的文本竖直对齐。

【对齐箭头】：该选项用来创建制图对象的箭头与现有制图对象的箭头对齐，来指定制图对象的原点。打开时，会让尺寸与选择的箭头对齐。

【点构造器】：通过【原点位置】下拉菜单来启用所有的点位置选项，以使注释与某个参考点相关联。打开时，可以选择控制点、端点、交点和中心点作为尺寸和符号的放置位置。

【偏置字符】：该选项可设置当前字符大小（高度）的倍数，使尺寸与对象偏移指定的字符数后对齐。

3. 注释参数设置

在菜单栏中选择【首选项】→【注释】菜单，系统即可弹出【注释首选项】对话框，如图6-54所示。

【注释首选项】：对话框中各选项卡的功能说明如下：

【径向】：用于设置直径和半径尺寸值显示的参数。

【坐标】：用于设置坐标集和折线的参数。

【填充/剖面线】：用于设置剖面线和区域填充的相关参数。

【零件明细表】：用于设置零件明细栏的参数，以便为现有的零件明细栏对象设置形式。

【单元格】：用于设置所选单元的各种参数。

【适合方法】：用于设置单元适合方法的样式。

【表区域】：用于设置表格格式。

【表格注释】：用于设置表格中的注释参数。

【层叠】：用于设置注释对齐方式。

【标题块】：用于设置标题栏对齐位置。

【肋骨线】：用于设置造船制图中的肋骨线参数。

图6-54 【注释首选项】对话框

【尺寸】：用于设置箭头和直线格式、放置类型、公差和精度格式、尺寸、文本、角度和延伸线部分的尺寸关系等参数。

【直线/箭头】：用于设置应用于指引线、箭头，以及尺寸的延伸线和其他注释的相关参数。

【文字】：用于设置应用于尺寸、文本和公差等文字的相关参数。

【符号】：用于设置"标识""用户定义""中心线"和"几何公差"等符号的参数。

【单位】：用于设置各种尺寸显示的参数。

4. 剖切线参数设置

在菜单栏中选择【首选项】→【截面线】菜单项，系统即可弹出【截面线首选项】对话框，如图6-55所示。

通过设置【截面线首选项】对话框中的参数，即可控制以后添加到图样中的剖切线显示，也可以修改现有的剖切线。下面将详细介绍【截面线首选项】对话框中的部分选项。

【标签】：用于设置剖视图的标签号。

【样式】：可以进行选择剖切线箭头的样式。

【箭头头部长度】、【箭头长度】、【箭头角度】：通过在（A）、（B）和（C）后的文本框中输入值以控制箭头的大小。

【边界到箭头距离】：通过在（D）后的文本框中输入值以控制剖切线箭头线段和视图线框之间的距离。

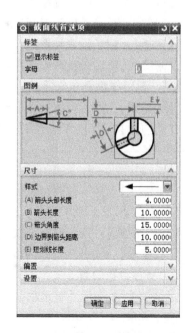

图6-55 【截面线首选项】对话框

【短划线长度】：用于在（E）后的文本框中输入值控制短划线长度。

【标准】：用于控制剖切线符号的标准。

【颜色】：用于控制剖切线的颜色。

【宽度】：用于选择剖切线宽度。

5. 视图参数设置

在菜单栏中选择【首选项】→【视图】菜单，系统即可弹出【视图首选项】对话框，如图 6-56 所示。

通过对【视图首选项】对话框中参数的设置可以控制图样上的视图显示，包括隐藏线、剖视图背景线、轮廓线和光顺边等。这些设置只对当前文件和设置以后添加的视图有效，而对于在设置之前添加的视图则可通过编辑视图样式进行修改。因此，在创建工程图之前，最好先进行预设置，这样可以减少很多的编辑工作，提高工作效率。

下面将详细介绍【视图首选项】对话框中各选项卡的功能。

【着色】：用于对渲染样式进行设置。

【螺纹】：用于设置图样成员视图中内、外螺纹的最小螺距。

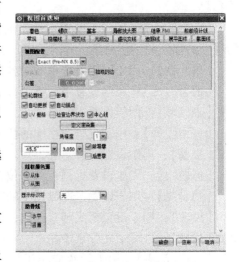

图 6-56　【视图首选项】对话框

【基本】：用于设置基本视图的装配布置、小平面表示、剪切边界和注释的传递。

【局部放大图】：用于显示控制视图边界的颜色、线型和线宽。

【继承 PMI】：用于设置图样平面中几何公差的继承。

【船舶设计线】：用于对船舶设计线的设置。

【常规】：用于设置视图的比例、角度、UV 网格、视图标记和比例标记等细节选项。

【隐藏线】：用于设置视图中隐藏线的显示方法。其中的相关选项可以控制隐藏线的显示类别、显示线型和粗细等。

【可见线】：用于设置视图中的可见线的颜色、线型和粗细。

【光顺边】：用于控制光顺边的显示，可以设置光顺边缘是否显示以及设置其颜色、线型和粗细。

【虚拟交线】：用于显示假想的相交曲线。

【追踪线】：用于修改可见和隐藏跟踪线的颜色、线型和深度，或修改可见跟踪线的缝隙大小。

【展平图样】：用于对钣金展开图的设置。

【截面线】：控制剖视图的剖面线。

6. 标签参数设置

在菜单栏中选择【首选项】→【视图标签】菜单项，系统即可弹出【视图标签首选项】对话框，如图 6-57 所示。

1）控制视图标签的显示，并查看图样上成员视图的视图比例标签。

2）控制视图标签的前缀名、字母、字母格式和字母比例因子的显示。

3）控制视图比例的文本位置、前缀名、前缀文本比例因子、数值格式和数值比例因子的显示。

4）使用【视图标签首选项】对话框设置添加到图样的后续视图的首选项，或者使用该对话框编辑现有视图标签的设置。

下面将详细介绍【视图标签首选项】对话框中【类型】下拉列表框中各选项的功能。

【其他】：该选项用于设置除局部放大图和剖视图之外的其他视图标签的相关参数。

图 6-57 【视图标签首选项】对话框

【局部放大图】：该选项用于设置局部放大图视图标签的相关参数。

【剖视图】：该选项用于设置剖视图视图标签的相关参数。

6.6 图纸相关操作

在 NX 软件中，任何一个三维模型都可以通过不同的投影方法、不同的图样尺寸和不同的比例创建灵活多样的二维工程图。本节将详细介绍图纸的相关知识及操作方法。

6.6.1 新建图纸页

进入工程图设计环境后，在菜单栏中选择【插入】→【图纸页】菜单项，或者单击【图纸】工具栏中的【新建图纸页】按钮，系统即可弹出【图纸页】对话框。

打开【图纸页】对话框后，选择适当的模板，并进行一些设置，最后单击【确定】按钮即可完成新建图纸页的操作。下面将详细介绍【图纸页】对话框中的选项。

1. 大小

设置图纸大小有三种模式可供用户选择，分别是【使用模板】、【标准尺寸】和【定制尺寸】。一般来说，通常会使用【标准尺寸】来进行图纸创建，因此，下面介绍的选项说明也主要以这种方式的参数来进行详解。在【图纸页】对话框中单击【标准尺寸】按钮，如图 6-58 所示。

2. 名称

【图纸中的图纸页】：列出工作部件中的所有图纸页。

【图纸页名称】：设置默认的图纸页名称。

【页号】：图纸编号由初始页号、初始次级编号，以及可选的次级页号分隔符组成。

【版本】：用于简述新图纸页的唯一版次代号。

3. 设置

【单位】：主要用来设置图纸的尺寸单位，包括两个

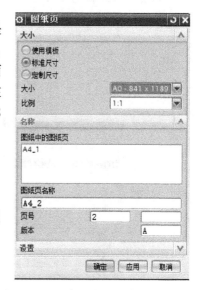

图 6-58 新建图纸页

选项，分别为【毫米】和【英寸】，系统默认选择【毫米】为单位。

【投影】：投影方式包括【第一角投影】和【第三角投影】两种。系统默认的投影方式为【第一角投影】。

6.6.2 打开和删除图纸页

对于同一实体模型，如果采用不同的投影方法、不同的图纸规格和视图比例，建立了多张二维工程图，此时就需要对相应的工程图进行打开或删除操作。

1. 打开图纸页

单击【图纸】工具条中的打开【图纸页】按钮，系统即可弹出【打开图纸页】对话框，如图6-59所示。

对话框的上部为过滤器，中部为工程图列表框，其中列出了满足过滤器条件的工程图名称。在图名列表框中选择需要打开的工程图，则所选工程图的名称会出现在图纸页名称文本框中，这时，系统就在绘图工作区中打开所选的工程图。

2. 删除图纸页

删除图纸页的操作方法很简单，用户只需在图纸部件导航器中选择图纸名称，然后单击鼠标右键，在快捷菜单中单击【删除】即可。

6.6.3 编辑图纸页

在进行视图添加及编辑过程中，有时需要临时添加剖视图、技术要求等，那么新建过程中设置的工程图参数可能无法满足用户的要求（如比例不适当），这时就需要对已有的工程图进行修改编辑。

在菜单栏中选择【编辑】→【图纸页】菜单项，打开如图6-60所示的【图纸页】对话框。在对话框中修改已有工程图的【名称】、【尺寸】、【比例】和【单位】等参数。完成修改后，系统会按照新的设置对工程图进行更新。

图6-59 【打开图纸页】对话框

图6-60 【图纸页】对话框

6.7　视图的创建

创建完工程图后，就应该在图纸上绘制各种视图来表达三维模型，生成各种投影是工程图的核心。本节将详细介绍视图创建的相关知识及操作方法。

6.7.1　基本视图

使用基本视图命令可将保存在部件中的任何标准建模或定义视图添加到图纸中，在菜单栏中选择【插入】→【视图】→【基本视图】菜单项，或者单击【图纸】工具条中的【基本视图】按钮，系统即可弹出【基本视图】对话框，如图 6-61 所示。

打开【基本视图】对话框后，在图形窗口中将光标移动到所需的位置，然后在视图中单击放置视图，最后单击鼠标中键关闭基本视图对话框，即可完成创建基本视图。

下面将详细介绍【基本视图】对话框中的选项。

1. 部件

【已加载的部件】：显示所有已加载部件的名称。

【最近访问的部件】：选择一个部件，以便从该部件加载并添加视图。

【打开】：用于浏览和打开其他部件，并从这些部件添加视图。

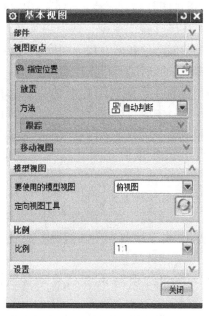

图 6-61　【基体视图】对话框

2. 视图原点

【指定位置】：使用光标来指定一个平面位置。

【放置】：建立视图的位置。

【方法】：用于选择其中一个对齐视图的选项。

【跟踪】：开启 xc 和 yc 跟踪。

3. 模型视图

【要使用的模型视图】：用于选择一个要用作基本视图的模型视图，其下拉列表框中包括俯视图、前视图、右视图、后视图、仰视图、左视图、正等测图和正三轴测图等选项。

【定向视图工具】：单击此按钮，打开定向视图工具，并且可用于定制基本视图的方位。

4. 比例

在向图纸页添加制图视图之前，为制图视图指定一个特定的比例。

5. 设置

【视图样式】：打开【视图样式】对话框并且可用于设置视图的显示样式。

【隐藏的组件】：只用于装配图纸。能够控制一个或多个组件在基本视图中的显示。

【非剖切】：用于装配图纸。指定一个或多个组件为未切削组件。

6.7.2　投影视图

【投影视图】可以生成各种方位的部件视图。该命令一般在用户生成基本视图后使用。其以基本视图为基础，按照一定的方向投影生成各种方位的视图。

在菜单栏中选择【插入】→【视图】→【投影】菜单项，或者单击【图纸】工具条中的【投影视图】按钮，系统即可弹出【投影视图】对话框，如图6-62所示。

由于【视图原点】选项组及【设置】选项组和基本视图中的选项相同，在下面介绍【投影视图】对话框中的选项说明时将不再阐述这两项。

打开【投影视图】对话框后，首先需要选择父视图，然后生成投影视图将光标放置到需要的位置。最后单击鼠标左键放置视图即可完成创建投影视图。

下面将详细介绍【投影视图】对话框中的选项说明。

1.【父视图】

该选项用于在绘图区中选择视图作为基本视图（父视图），并从它投影出其他视图。

2.【铰链线】

【矢量选项】：包括【自动判断】和【已定义】两个选项。

1)【自动判断】：为视图自动判断铰链线和投射方向。

图6-62　【投影视图】对话框

2)【已定义】：允许为视图手工定义铰链线和投射方向。

【反转投影方向】：镜像铰链线的投射箭头。

【关联】：当铰链线与模型中平面平行时，将铰链线自动关联该平面。

6.7.3　局部放大图

局部放大图包含一部分现有视图。局部放大图的比例可根据其俯视图单独进行调整，以便更容易地查看在视图中显示的对象并对齐进行注释。

在菜单栏中选择【插入】→【视图】→【局部放大图】菜单项，或者单击【图纸】工具条中的【局部放大图】按钮，系统即可弹出【局部放大图】对话框，如图6-63所示。

打开【局部放大图】对话框后，用户即可创建局部放大图，有3种类型供用户选择并进行创建，下面将分别给以详细介绍。

1. 创建圆形边界的局部放大图

在对话框中选择【圆形】类型。然后在父视图上选择一个点作为局部放大图中心，将光标移出中心点，然后单击以定义局部放大图的圆形边界的半径。最后将视图拖动到图纸上所需的位置，单击放置视图即可完成创建。

2. 创建按拐角边界的局部放大图

在对话框中选择【按拐角绘制矩形】类型。然后在父视图上选择局部边界的第一个拐

角，接着选择第二个点作为第一个拐角的对角，最后
将视图拖动到图纸上所需的位置，单击放置视图即可
完成创建。

3. 创建按中心和拐角矩形的局部放大图

在对话框中选择【按中心和拐角绘制矩形】类
型。然后在父视图上选择局部放大图的中心，接着为
局部放大图的边界选择一个拐角点，最后将视图拖动
到图纸上所需的位置，单击放置视图即可完成创建。

下面将详细介绍【局部放大图】对话框中的选项
说明。

1.【类型】

【圆形】：创建有圆形边界的局部放大图。

【按拐角绘制矩形】：通过选择对角线上的两个拐
角点创建矩形局部放大图边界。

【按中心和拐角绘制矩形】：通过选择一个中心点
和一个拐角点创建矩形局部放大图边界。

2.【边界】

【指定拐角点1】：定义矩形边界的第一个拐角点。

【指定拐角点2】：定义矩形边界的第二个拐角点。

【指定中心点】：定义圆形边界的中心。

【指定边界点】：定义圆形边界的半径

3.【父视图】

选择一个父视图。

4.【原点】

【指定位置】：指定局部放大图的位置。

【移动视图】：在局部放大图的过程中移动现有视图。

5.【比例】

默认局部放大图的比例因子大于父视图的比例因子。

6.【标签】

提供下列在父视图上放置标签的选项：

【无】：无边界。

【圆】：圆形边界，无标签。

【注释】：有标签但无指引线的边界。

【标签】：有标签和半径指引线的边界。

【内嵌的】：标签内嵌在带有箭头的缝隙内的边界。

【边界】：显示实际视图边界。

图6-63　【局部放大图】对话框

6.7.4　半剖视图

在菜单栏中选择【插入】→【视图】→【截面】→【半剖】菜单项，或者单击【图纸】工具

条中的【半剖视图】按钮，系统即可弹出【半剖视图】对话框。

打开【半剖视图】对话框后，选择父视图，系统会弹出【半剖视图】对话框，如图6-64所示。

图6-64 【半剖视图】对话框

在视图几何体上选取一个点定位剖切位置，然后选择放置折弯的另一个点。移动光标确定截面线符号的方向，单击放置视图即可完成创建半剖视图。

6.7.5 旋转剖视图

旋转剖视图是创建围绕圆柱形或锥形部件的公共轴旋转的剖视图。在菜单栏中选择【插入】→【视图】→【截面】→【旋转剖】菜单项，或者单击【图纸】工具条中的【旋转剖视图】按钮，系统即可弹出【旋转剖视图】对话框。【旋转剖视图】对话框如图6-65所示。

图6-65 【旋转剖视图】对话框

选择一个旋转点以放置截面线符号，然后为第一段选择一个点，选择第二段的点，拖动视图到所需位置，单击放置视图即可完成创建旋转剖视图。

6.7.6 局部剖视图

局部剖视图是通过移除部件的某个外部区域来查看其部件内部。在菜中栏中选择【插入】→【视图】→【截面】→【局部剖】菜单项，或者单击【图纸】工具条中的【局部剖视图】按钮，系统即可弹出【局部剖】对话框，如图6-66所示。

打开【局部剖】对话框后，选择要剖切的视图，然后指定基点和矢量方向，最后选择与视图相关的曲线以表示局部剖的边界，即可完成创建局部剖视图。

6.7.7 折叠剖视图

【折叠剖视图】命令创建的视图中含有多个段

图6-66 【局部剖】对话框

剖切而没有折弯，折叠剖视图与父视图中的铰链线成正交对齐。在菜单栏中选择【插入】→
【视图】→【截面】→【折叠剖视图】菜单项，系统即可弹出【折叠剖视图】对话框。

在【指定矢量】下拉列表框中选择矢量轴定义铰链线，然后创建剖切位置，右击确定
剖切线。拖动视图到所需位置，单击放置视图即可完成折叠剖视图。

6.8 综合应用举例

上文介绍了视图、剖视、断面、局部放大和简化画法等内容，每种表达方法都有自己的
特点和适用范围，要注意合理选用。特别对于一个具体的零件，究竟怎样表达还要根据其形
状、结构特点进行具体分析，在完整、清晰地表达机件内外形状的前提下，首先考虑看图方
便，其次力求制图简便。

【例 6-1】 根据图 6-67a 所示机架的轴测图，选择适当的表达方法，画出机架视图并标
注尺寸。

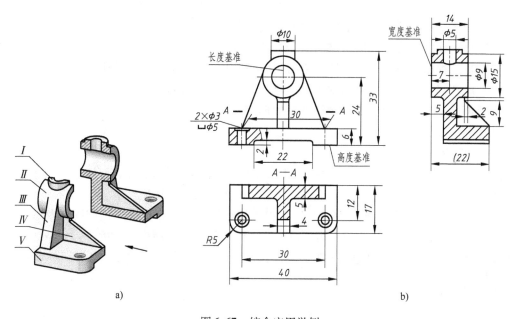

a)   b)

图 6-67 综合应用举例

解：（1）形体分析 该机架是由轴线垂直相交的两个空心圆柱Ⅰ、Ⅱ，支承板Ⅲ、肋
板Ⅳ、底板Ⅴ相交、相切、叠加而成。底板两边有上平面锪平了的通孔，底面挖有一通槽。

（2）视图选择 画图时，应选择最能反映机件形状特征的视图为主视图。同时，必须
将机件的主要轴线或主要平面尽可能放在平行于投影面的位置。因此，选箭头所指方向为主
视图方向。为了反映底板上的孔，主视图采用了局部剖视。左视图以左右对称面为剖切面作
全剖视，表达了两个相交空心圆柱的内形及支承板的厚度。俯视图选择 A—A 剖视，既反映
底板的实形，又表达肋板与支承板的相交情况。

（3）画图并标注尺寸 按照前面的分析，先画出底稿，检查无误再加深。确定尺寸基
准，然后标注尺寸，确保所标注的尺寸正确、完整、清晰和合理。如图 6-67b 所示，左视图

中尺寸（22）为参考尺寸。

本 章 小 结

本章着重介绍了视图、剖视图、断面图的画法和标注规定，以及在完成三维造型之后创建对应的二维工程图的方式。

对于视图的画法，一方面要弄清楚它们的基本概念，能熟练运用学过的投影原理和方法画出零件的视图；另一方面要分清各种表达方法的应用范围，对具体情况作具体分析，目的是将零件各个方向的内、外部形状准确地表达出来，并使作图简便。

1. 视图——主要用于表达物体的外部结构形状

（1）基本视图　用于表达物体的外形，各视图按规定位置配置，不标注。

（2）向视图　用于表达物体的外形，可自由配置，标注时应在视图的上方标注"X"（X 为大写拉丁字母），在相应视图附近用箭头指明投射方向，并标注相同的字母。

（3）局部视图　用于表达物体的局部外形，按基本视图或向视图的形式配置。

2. 剖视图——主要用于表达物体的内部结构形状

（1）全剖视图　用于表达物体的整个内形（剖斜面完全切开物体）。

（2）半剖视图　用于表达物体对称结构的外形与内形（以对称线分界）。

（3）局部剖视图　用于表达物体的局部内形（局部地剖切）。

3. 断面图——主要用于表达物体断面的形状

（1）移出断面图

（2）重合断面图

画图时，对物体结构要进行详细的形体分析，对表达方案的选择，应考虑看图方便，并在完整、清晰地表达物体各部分形状和结构的前提下，力求画图简便。

利用 NX 软件制图功能模块将三维实体模型快速生成二维工程图，这中间涉及工程图的参数设置、图纸的设置和视图的创建。根据二维图纸的标准，结合本章的学习内容，合理地选择二维图纸的大小、剖切线的参数等。对于不同的视图选择，学会在 NX 软件中进行不同的操作。

◗ **第 7 章**

零 件 图

【教学要点】

1）了解零件图的内容。

2）掌握零件图的视图选择和典型零件的视图表达方式。

3）掌握零件图的尺寸标注及在 NX 软件中的标注。

4）了解零件的技术要求，包括极限与配合、几何公差等技术要求的基本概念以及在图样上的标注方法。

5）掌握阅读零件图的方法。

7.1 零件图的内容

图 7-1 是拨叉零件图，一张完整的零件图应包含以下内容。

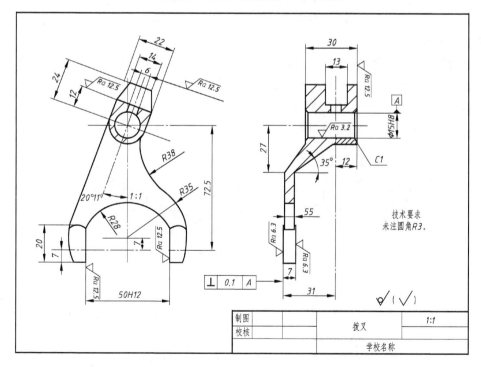

图 7-1 拨叉零件图

（1）一组视图　用一组恰当的视图、剖视图或断面图，完整、清晰地表达出零件内、外形状和结构。

（2）完整的尺寸　零件图中应正确、完整、清晰、合理地注出零件在制造和检验时所需的全部尺寸。

（3）技术要求　零件图中必须用规定的代号、数字和文字，注出零件在制造、检验和装配时所应达到的技术要求，如表面粗糙度、尺寸公差、几何公差、热处理及表面处理等。

（4）标题栏　在标题栏内注明该零件的名称、材料、数量、比例、图号，以及设计、制图、校核人员签名及日期等内容。

7.2　零件的视图选择和典型零件举例

7.2.1　零件的视图选择

零件视图的选择，就是在考虑便于看图的前提下，确定一组图形把零件的结构形状完整清晰地表达出来，并力求绘图方便、图形数量尽量少。为此，必须根据零件的形状、功用和加工方法，灵活运用文前学过的视图、剖视、断面以及简化和规定画法等表达方法，选择一组恰当的图形来表达零件的形状和结构。

零件的视图选择包括：零件的结构分析、主视图的选择和其他视图的选择。

（1）零件的结构分析　零件的结构形状及其工作位置或加工位置不同，视图的选择往往不同。因此，在选择视图之前，应首先对零件进行形体分析和结构分析，并了解零件的工作和加工情况，以便确切地表达零件的结构形状，反映零件的设计和工艺要求。

（2）主视图的选择　主视图是零件的视图中最重要的视图，选择零件图的主视图时，一般应从主视图的投射方向和零件的摆放位置两方面来考虑。

1）选择主视图的投射方向。选择主视图的投射方向，应考虑形体特征原则，即将能最多、最好地显示零件结构形状特征的方向作为主视图投射方向。如图 7-2 所示的轴和图 7-3 所示的轴承座，可分别用 A、B 方向作为主视图的投射方向。但比较一下就会得出，选择 A 方向比较好，最能反映轴和轴承座的主要形状特征。

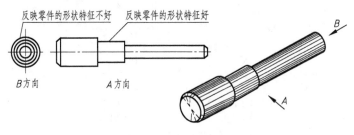

图 7-2　轴主视图的选择

2）选择主视图的位置。当零件主视图的投射方向确定以后，还需确定主视图的位置。主视图的位置，即是零件的摆放位置。一般分别按以下几个原则来考虑。

① 加工位置原则。所选择的主视图的位置，与零件在机械加工中所处的主要加工位置相一致。如图 7-4b 所示的轴类零件，其主要加工工序是车削或磨削。若主视图所表示的零

件位置与零件在机床上加工时所处位置一致，便于
看图加工和检测尺寸。

②工作位置原则。当零件的加工方法很多，主
要加工位置不能确定时，所选择的主视图的位置，
应尽可能与零件在机械或部件中的工作位置相一致。
按工作位置选取主视图，便于把零件和整个机器联
系起来，容易想象零件在机器或部件中的位置和工
作情况。在装配时，也便于直接对照图样进行装配。
如图 7-4c 所示的尾架体主视图就是按其在车床上的
工作位置来确定的。

③自然摆放稳定原则。如果零件为运动件，工
作位置不固定，或零件的加工工序较多，其加工位
置多变，则可将其自然摆放平稳的位置作为主视图的位置。

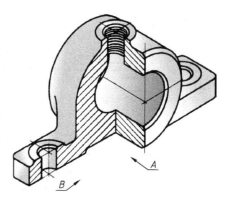

图 7-3　轴承座主视图的选择

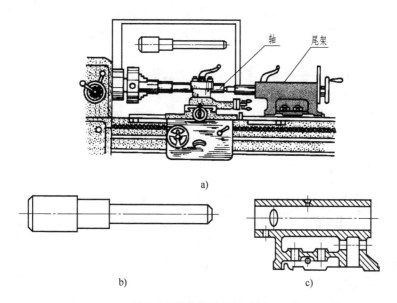

a)

b)　　　　　　　　　c)

图 7-4　零件摆放位置选择

（3）其他视图的选择　主视图确定后，还应选择适当数量的其他视图与之配合，才能
将零件的结构形状完整清晰地表达出来。

一个零件需要多少视图才能表达清楚，只能根据零件的具体情况分析确定。考虑的一般
原则是：在正确、完整、清晰地表达零件结构形状的前提下，所选用的视图数量要尽量少。
每一个视图都有其表达的重点内容，具有独立存在的意义。

在按以上原则选择主视图和其他视图时，还应注意以下几点：

1）主视图的投射方向，应有利于其他视图的表达。如图 7-5a、b 两组视图中的主视图
虽然都符合工作位置并能较多反映构形特征的原则，但图 7-5b 组中的主视图则更有利于左
视图的表达。因此，在考虑表达方案时，各个视图既要有所侧重，又要相互配合，要通盘筹
划，全面考虑。

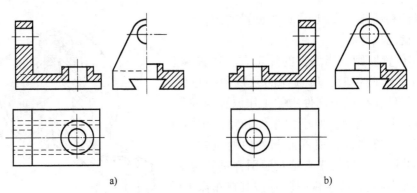

a)   b)

图 7-5　其他视图的选择

2）零件的主要结构和形状要用基本视图或在基本视图上作剖视的方法来表达。

3）零件的次要结构或局部形状可用局部视图、斜视图和断面图等方法来表达。

4）在表达内容相同的条件下，应优先考虑选用俯视图、左视图等基本视图。

5）局部视图、斜视图等辅助视图，要尽量按投影关系配置在相关视图旁边。

6）肋板、辐条等的断面图要尽量画成重合断面图，各种移出断面图要尽量配置在剖切面迹线的延长线上。

另外，画零件图时应尽量采用国家标准允许的简化画法作图，以提高绘图工作效率。

总之，零件的视图选择是一个比较灵活的问题。在选择时，一般应多考虑几种方案，加以比较后，力求用较好的方案表达零件。通过多画、多看、多比较、多总结，不断实践，才能逐步提高表达能力。

7.2.2　典型零件举例

零件的结构形状大致可以归纳为轴套类、轮盘类、箱壳类和叉架类四种类型。其中每类零件的结构、工艺、视图表示及尺寸标注等都具有其共同的特点，而了解它们的这些特点有利于选择视图和读图。

1. 轴套类零件

（1）主视图的选择

1）轴套类零件主要在车床上加工，为便于操作人员对照图样进行加工，一般按其加工位置将轴线水平放置来画主视图。这样既可把各段形体的相对位置表达清楚，同时又能反映轴上的轴肩、退刀槽等结构。通常将轴的大头朝左，小头朝右；轴上的键槽、孔可朝前或朝上，使其形状和位置一目了然，如图 7-6 所示。

2）对于形状简单而轴向尺寸较长的部分常断开后缩短绘制。

3）空心套类零件中由于多存在内部结构，一般采用全剖、半剖或局部剖绘制。

（2）其他视图的选择

1）确定主视图后，只要在主视图中注出一系列直径尺寸，就能把轴的主要形状表达清楚，一般不必再选择其他基本视图，如图 7-6 所示。

2）轴上的销孔、键槽等，可采用移出断面图和局部剖视图表达；轴上的其他局部结构，如砂轮越程槽、螺纹退刀槽等，则可采用局部放大图表达。这样，既清楚地表达了它们的形状，也便于标注尺寸，如图 7-6 所示。

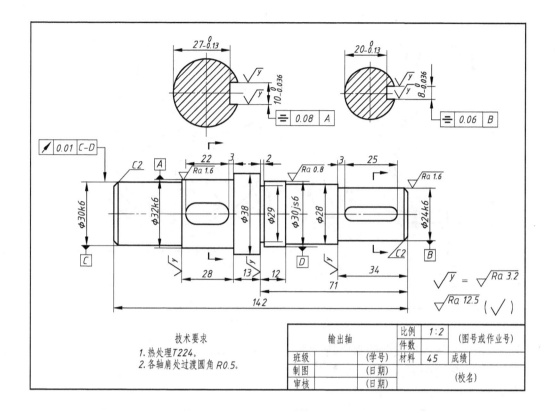

图 7-6　输出轴工程图

2. 盘盖类零件

这类零件包括齿轮、手轮（图 7-7）、带轮、飞轮、法兰盘和端盖等。

（1）主视图的选择　由于轮盘类零件的多数表面也是在车床上加工的，为方便工人对照看图，主视图往往按加工位置选择，一般将轴线水平摆放。为表达内部结构，主视图常采用半剖或全剖视图或局部剖表达。

（2）其他视图的选择　盘盖类零件一般用两个基本视图表达，除主视图外，还需用左视图或右视图表达轮盘上连接孔或轮辐、筋板等的数目和分布情况。图 7-7 所示为手轮零件图，主视图采用了全剖视图，表达了手轮轮毂的内部结构和轮缘的断面形状。左视图表示手轮的外形，可清楚地看到五条轮辐的分布情况。

3. 叉架类零件

这类零件包括各种拨叉、连杆、摇杆、支架和支座等，主要在机器的操纵机构中起操纵作用或支承轴类零件的作用。

（1）主视图的选择　叉架类零件加工时，各工序较多，加工位置变化也较大，因而一般按工作位置画主视图。当工作位置倾斜或不固定时，可将其摆正画主视图。

（2）其他视图的选择

1）叉架类零件除主视图外，一般还需 1～2 个基本视图才能将零件的主要结构表达清楚。

2）常用局部视图或局部剖视图表达零件上的凹坑、凸台等结构。

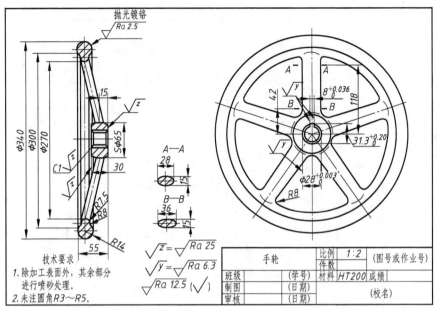

图 7-7　手轮零件图

3）筋板、杆体等连接结构常用断面图表示其断面形状。

4）一般用斜视图表达零件上的倾斜结构。

图 7-8 所示为支架零件图。

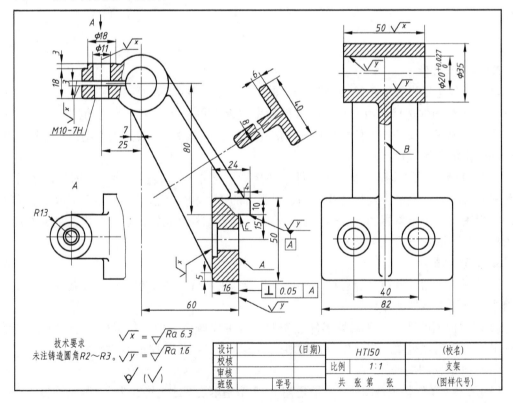

图 7-8　支架零件图

4. 箱体类零件

这类零件包括箱体、外壳和座体等，主要作用是容纳和支承其他零件，如图 7-9 所示。

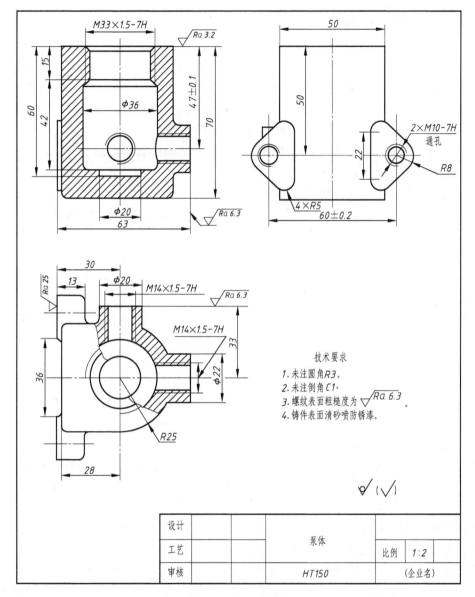

图 7-9　箱体零件图

（1）主视图的选择

1）箱体类零件加工部位多，加工工序也较多，各工序加工位置不同，因此这类零件一般按自然安放位置或工作位置画主视图。

2）主视图常采用各种剖视（全剖、半剖、局部剖）及其不同剖切方法来表达主要结构。

（2）其他视图的选择

1）箱体类零件的外形和内腔都很复杂，常需 3 个或 3 个以上的基本视图，并作适当剖切才能将其主要结构形状表示清楚。

2）基本视图上未表达清楚的局部结构可用局部视图、局部剖视和局部放大图等来表达。

7.3 零件的尺寸标注

零件图中的视图是用来表示零件结构形状的，而零件的大小和各部分的位置则完全是由图上所注尺寸来决定的。零件图的尺寸注法，关系到零件的加工制造、检测方法和质量，因此，标注尺寸一定要认真负责，一丝不苟。其基本要求是：

（1）正确　尺寸的注写应符合机械制图国家标准要求。

（2）完整　注全零件上必要的总体尺寸及各部分结构形状的定形尺寸、定位尺寸，做到既不能遗漏，又不能重复。

（3）清晰　尺寸布置应能够便于看图和查找。

（4）合理　注写尺寸要考虑设计和加工工艺要求，应有正确的尺寸基准概念。

为了合理地标注尺寸，必须对零件进行结构分析、形体分析和工艺分析，根据分析先确定尺寸基准，然后选择合理的标注形式，结合零件的具体情况标注尺寸。

零件的结构形状，主要是根据它在部件或机器中的作用决定的。但是制造工艺对零件的结构也有某些要求。

本节将重点介绍标注尺寸的合理性问题和常见工艺结构的基本知识和表示方法。

7.3.1 尺寸标注基准

零件图尺寸标注既要保证设计要求又要满足工艺要求，首先应当正确选择尺寸基准。尺寸基准，就是指零件装配到机器上或在加工测量时，用以确定其位置的一些面、线或点。它可以是零件上对称平面、安装底平面、端面、零件的结合面、主要孔和轴的轴线等。

1. 选择尺寸基准的目的

一是为了确定零件在机器中的位置或零件上几何元素的位置，以符合设计要求；二是为了在制造零件时，确定测量尺寸的起点位置，便于加工和测量，以符合工艺要求。

2. 尺寸基准的种类

从设计和工艺的不同角度来确定基准，可把基准分成设计基准和工艺基准两类。

（1）设计基准　从设计角度考虑，为满足零件在机器或部件中对其结构、性能的特定要求而选定的一些基准，称为设计基准，如图 7-10 所示的轴承座，用来支承轴。安装时是以轴承座的底面及其左右对称平面分别为高度和长度方向的基准。所以，轴承座的底面及其左右对称面就分别是该轴承座的高度和长度方向的设计基准。图 7-11a 所示的齿轮轴，安装时是依据轴线和齿轮的右端面确定齿轮轴在机器中的位置。因此，齿轮轴的轴线和齿轮的右端面为设计基准。

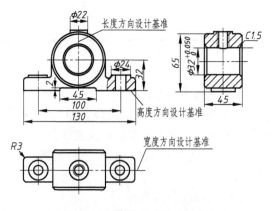

图 7-10　轴承座的尺寸基准

（2）工艺基准　从加工工艺的角度考虑，为便于零件的加工、测量和装配而选定的一些基准，称为工艺基准，如图 7-11b 所示，齿轮轴加工、测量时是以轴线和右端面分别作为径向和轴向的基准，因此，齿轮轴的轴线和右端面为工艺基准。

3. 尺寸基准的选择

从设计基准标注尺寸时，可以满足设计要求，能保证零件的功能要求，而从工艺基准标注尺寸，则便于加工和测量。

通常，在考虑选择零件的尺寸基准时，应尽量使设计基准与工艺基准重合，以减少尺寸误差，保证产品质量。如图 7-10 所示轴承座底面、图 7-11 所示齿轮轴的轴线既是设计基准也是工艺基准。如设计基准与工艺基准不能重合，则应以保证设计要求为主。

任何一个零件都有长、宽、高三个方向的尺寸，因此，每一个零件也应有三个方向的尺寸基准。如图 7-10 所示轴承座，其高度方向的尺寸基准是底面，长度方向的尺寸基准是其左右对称面，宽度方向的尺寸基准是其前后对称面。

为了满足设计和制造要求，同一方向上可能有多个基准。一般只有一个是主要基准，其他为辅助基准。辅助基准与主要基准之间应有联系尺寸。如图 7-11 所示齿轮轴的长度方向，齿轮的右端面是主要基准，轴的右端面是辅助基准，图 7-11 中尺寸 111mm 就是主要基准与辅助基准的联系尺寸。

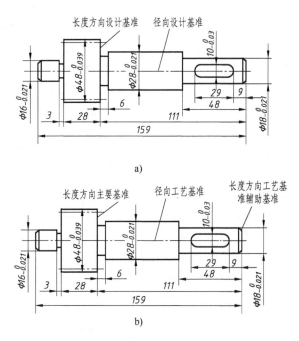

图 7-11　齿轮轴的尺寸基准

7.3.2　标注尺寸应考虑设计和工艺上的要求

（1）标注尺寸应考虑设计要求

1）重要尺寸必须从设计基准直接注出。零件上凡是影响产品性能、工作精度和互换性的尺寸都是重要尺寸。为保证产品质量，重要尺寸必须从设计基准直接注出。如图 7-10 所示轴承座，轴承支承孔的中心高是高度方向的重要尺寸，应从设计基准（轴承座底面）直接注出尺寸32mm。如图7-11所示的齿轮轴，其齿轮的宽度尺寸28mm是齿轮轴长度方向的重要尺寸，应从设计基准（齿轮的右端面）直接注出。

如图7-12所示，尺寸 a 是影响中间滑轮与支架装配的尺寸，是重要尺寸，应当直接标注，以保证加工时容易达到要求，不受累积误差的影响。

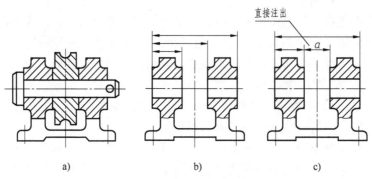

图 7-12　重要尺寸从设计基准直接注出
a）滑轮与支架装配图　b）不好　c）好

2）避免注成封闭尺寸链。一组首尾相连的链状尺寸称为封闭尺寸链，如图7-13a所示。尺寸注成封闭尺寸链的形式，加工时必须使各段长度尺寸的误差总和小于或等于总长度的误差，给加工带来困难。因此，在标注尺寸时，应避免注成封闭尺寸链。通常选择封闭尺寸链中最不重要的那个尺寸空出，不注写尺寸（开口环），如图7-13b所示。这样，使该尺寸链中其他尺寸的制造误差都集中到这个尺寸上来，从而保证主要尺寸的精度。

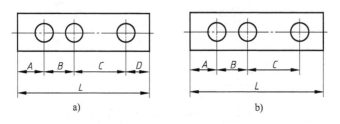

图 7-13　尺寸不应注成封闭形式
a）错误　b）正确

3）联系尺寸应注出，相关尺寸应一致。为保证设计要求，零件同一方向上主要基准与辅助基准之间，确定位置的定位尺寸之间，都必须直接注出尺寸（联系尺寸），将其联系起来。如图7-14a所示泵盖中确定沉孔、销孔位置和图7-14b泵体中确定螺孔、销孔位置的定位尺寸 R32mm、45°及图7-14a、b中确定齿轮位置的中心距42±0.02mm都必须对应一致地联系起来，注法不能矛盾，而 R32mm 是45°和42±0.02mm间的联系尺寸，应直接注出。

（2）标注尺寸应考虑工艺要求

1）按加工顺序标注尺寸。零件上除主要尺寸应从设计基准直接注出外，其他尺寸则应适当考虑按加工顺序从工艺基准标注尺寸，以便于工人看图、加工和测量、减少差错。图7-15所示的小轴，从结构要求分析，在轴线方向，尺寸58mm是重要尺寸，应从设计基

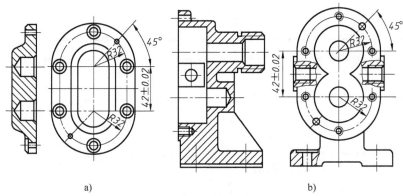

图 7-14　零件间相关尺寸的注法

a）泵盖　b）泵体

准（轴肩右端面）直接标注。其他轴向尺寸在结构上没有多大特殊要求，可考虑按加工顺序从工艺基准标注尺寸。图 7-16 所示为该小轴在车床上的加工工序及所要求的尺寸。

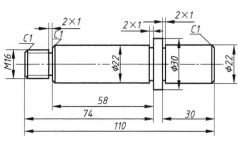

图 7-15　小轴的全部尺寸

2）按加工方法不同分别集中标注尺寸。如图 7-17 所示，键槽是在铣床上加工的，轴的外圆柱面是在车床上加工的。因此键槽的尺寸集中标注在视图的上方，而外圆柱面的尺寸集中标注在视图下方。

3）按加工要求标注尺寸。如图 7-18 所示的下轴衬是与上轴衬合在一起后加工出来的，以保证装配后的同轴度。因此应标注直径而不注半径，以方便加工和测量。

4）考虑测量的方便与可能。在图 7-19 中，显然图 7-19a 中所注各尺寸测量方便，能直接测量，而图 7-19b 中的注法测量就不方便，不能直接测量。

5）内、外形尺寸应尽量分别集中标注。如图 7-20 所示，在标注轴套的轴向尺寸时，将外部尺寸集中标注在图形的上方，而内部尺寸则集中标注在图形的下方，以便于看图、加工和测量。

6）应注意考虑毛坯面与加工面之间的尺寸联系。在铸造或锻造零件上标注尺寸时，应注意同一方向的加工表面只有一个以非加工面作基准标注的尺寸。如图 7-21a 所示壳体，图中的非加工面间的尺寸由铸造或锻造工序完成。加工底面时，不能同时保证尺寸 A_1、A_2 和 A_3，所以图 7-21b 所示的注法是错误的。图 7-21a 所示的注法正确。因为尺寸 M_1、M_2、M_3 和 M_4 已由毛坯制造时完成，先按尺寸 A 加工底面，然后按尺寸 L_1 加工顶面，即能保证要求。

7.3.3　常见零件典型结构的尺寸注法

零件上常见结构较多，它们的尺寸注法已基本标准化。表 7-1 为零件上常见孔的尺寸注法。

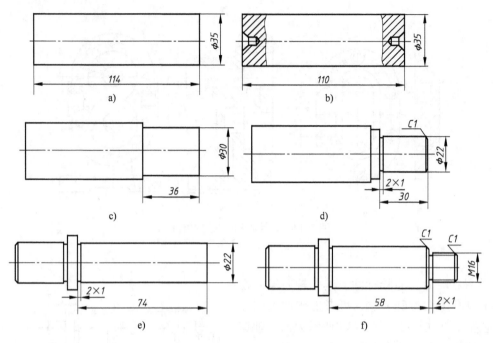

图 7-16 按工序标注尺寸

a) 截取 $\phi 35$mm，长 114mm 的棒料　b) 车两端，保持总长为 110mm，并在两端钻中心孔　c) 车右端 $\phi 30$mm，长 36mm

d) 车右端 $\phi 22$mm，长 30mm，切槽宽 2mm 深 1mm，并倒角 C1　e) 调头，车 $\phi 22$mm，长 74mm，车槽 2mm×1mm

f) 车 $\phi 16$mm，切槽，保持 $\phi 22$mm 的长度 58mm，车倒角 C1，最后车螺纹

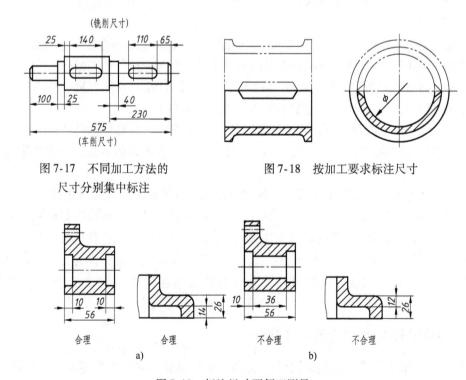

图 7-17　不同加工方法的　　　图 7-18　按加工要求标注尺寸
　　　　　尺寸分别集中标注

图 7-19　标注尺寸要便于测量

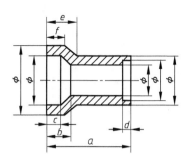

图 7-20 内、外形的尺寸
尽量分别集中标注

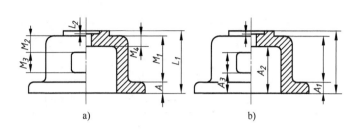

图 7-21 加工面与非加工面的尺寸标注
a) 合理 b) 不合理

表 7-1 零件上常见孔的尺寸注法

零件结构类型	标注方法	说明
键槽结构		分别注出轴上键槽和孔内键槽尺寸
锥轴、锥孔		当锥度要求不高时，这样标注便于制造木模
斜度、锥度		斜度或锥度用符号表示，符号方向应与斜度、锥度的方向一致
退刀槽		退刀槽宽度应直接标出，直径可直接注出，也可注出切入深度
倒角		倒角 45° 时可与倒角的轴向尺寸连注；倒角不是 45° 时，要分开标注
滚花		滚花有直纹与网纹两种标注形式。滚花前的直径尺寸为 D，滚花后的尺寸为 $D+\Delta$，Δ 为齿深。旁注中的 0.8mm 为齿的节距 t

（续）

零件结构 类型		标 注 方 法	说　明
正方形结构		14×14　　□14	剖面为方形时，可在边长尺寸数字前加注符号"□"，或用14mm×14mm代替"□"
光孔	一般孔	4×φ5↧10　　4×φ5↧10　　4×φ5	4×φ5mm表示直径为5mm、有规律分布的四个光孔，孔深可与孔径连注，也可以分开注出
	精加工孔	4×φ5$^{+0.012}_{0}$↧10　孔↧12　　4×φ5$^{+0.012}_{0}$↧10 孔↧12　　4×φ5$^{+0.012}_{0}$	光孔深为12mm；钻孔后需精加工至φ5$^{+0.012}_{0}$mm，深度为10mm
	锥销孔	锥销孔φ5 配作　　锥销孔φ5 配作　　锥销孔φ5 配作	φ5mm为与锥销孔相配的圆锥销小头直径，锥销孔通常是相邻两零件装在一起时加工的
沉孔	锥形沉孔	4×φ7 ⌵φ13×90°　　4×φ7 ⌵φ13×90°　　90° φ13 4×φ7	4×φ7mm表示直径为7mm、有规律分布的四个孔。锥形部分尺寸可以旁注，也可以直接注出
	柱形沉孔	4×φ7 ⌴φ13↧3　　4×φ7 ⌴φ13↧3　　φ13 4×φ7	4×φ7mm表示直径为7mm、有规律分布的四个孔。柱形沉孔的大直径为φ13mm，深度为3mm，均需标注
	锪平面	4×φ7 ⌴φ13　　4×φ7 ⌴φ13　　φ13 锪平 4×φ7	锪平面φ13mm的深度不需标注，一般锪平面到不出现毛面为止
螺孔	通孔	2×M8-6H　　2×M8-6H　　2×M8-6H	2×M8表示大径为8mm、有规律分布的两个螺孔。可以旁注，也可以直接注出
	不通孔	2×M8-6H↧10 孔↧12　　2×M8-6H↧10 孔↧12　　2×M8-6H	螺孔深度可与螺孔直径连注，也可分开标注，需要时，直接标出孔深

7.4 零件图的技术要求

零件图在把零件的结构形状表达清楚的同时，还要对零件的表面粗糙度、尺寸公差、几何公差、材料及热处理等提出必要的要求。这些技术要求凡已有规定代号的，可用代号直接标注在相关的视图上；无指定代号的则可用文字描述，注写在图纸右下角的标题栏上方。

7.4.1 表面结构的表示法

（1）表面粗糙度的概念 零件的表面即使加工得很光滑，在显微镜下观察仍显得粗糙不平，会形成很多较小间距的凸峰和凹谷，如图 7-22 所示。这种加工表面上所具有的较小间距的峰谷的微观几何形状特性，称为表面粗糙度。

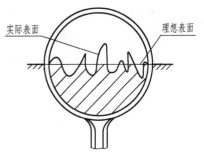

图 7-22　表面粗糙度示意

（2）评定表面结构常用的轮廓参数 零件表面结构的评定参数有轮廓参数（GB/T 3505—2009 定义）、图形参数（GB/T 18618—2002 定义）和支承率曲线参数（GB/T 18778. 2—2003 定义和 GB/T 18778. 3—2006 定义）。

在机械图样中常用的评定参数是轮廓参数，主要有：轮廓算术平均偏差（Ra）和轮廓最大高度（Rz）。从测量和使用方便考虑，在零件图上多采用轮廓算术平均偏差 Ra 值。

轮廓算术平均偏差 Ra 定义为：在一个取样长度 l 内，轮廓偏距 y_i 绝对值的算术平均值（见图 7-23）。

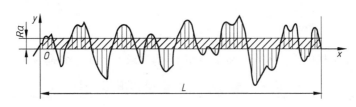

图 7-23　轮廓算术平均偏差 Ra

Ra 按以下公式算出

$$Ra = \frac{1}{l} \int_0^l |y(x)| \, \mathrm{d}x$$

近似值为

$$Ra = \frac{1}{n} \sum_{i=1}^n |y_i|$$

表面粗糙度对零件的耐磨性、密封性、抗腐蚀性和疲劳强度等都有影响，也影响零件的配合质量。因此，要根据零件表面的不同情况，合理选择其参数值。在 GB/T 1031—2009 中规定了轮廓算术平均偏差 Ra 参数值（见表 7-2），表中第一系列为优先选用。

表7-2 轮廓算术平均偏差 Ra　　　　　（单位：μm）

Ra 第一系列	0.012	0.025	0.05	0.1	0.2	0.4	0.8
	1.6	3.2	6.3	12.5	25	50	100
Ra 第二系列	0.008	0.010	0.016	0.020	0.032	0.040	0.063
	0.080	0.125	0.160	0.25	0.32	0.50	0.63
	1.00	1.25	2.0	2.5	4.0	5.0	8.0
	10/0	16.0	20	32	40	63	80

　　在使用时，应根据零件不同的作用和用途，合理选择零件的表面粗糙度参数。表7-3 给出了常用 *Ra* 数值及其相应的加工方法和应用。

表7-3 常用 Ra 数值及其相应的加工方法和应用

Ra/μm	表面外观情况	主要加工方法	应 用 举 例
50	明显可见刀痕	粗车、粗铣、粗刨和钻孔等	不重要的接触面或不接触面，如凸台面、轴的端面、倒角和穿入螺纹紧固件的光孔表面等
25	可见刀痕		
12.5	微见刀痕		
6.3	可见加工痕迹	精车、精铣、精刨和铰等	较重要的接触面。转动和滑动速度不高的配合面和接触面，如轴套、齿轮端面、键及键槽工作面等
3.2	微见加工痕迹		
1.6	看不见加工痕迹		
0.8	可辨加工痕迹方向	精铰、精车和精磨等	要求较高的接触面、转动和滑动速度较高的配合面和接触面，如齿轮工作面、导轨表面、主轴轴颈表面和销孔表面等
0.4	微辨加工痕迹方向		
0.2	不可辨加工痕迹方向		
0.1	暗光泽面	研磨、抛光、超级精密加工等	要求密封性能较好的接触面、转动和滑动速度极高的表面，如气缸内表面及活塞环表面和精密机床主轴轴颈表面等
0.05	亮光泽面		
0.025	镜状光泽面		
0.012	雾状镜面		

　　（3）标注表面结构的图形符号　标注表面结构要求时的图形符号见表7-4。

表7-4 标注表面结构要求时的图形符号

符号名称	符　　号	含　　义
基本图形符号		未指定工艺方法的表面，当通过一个注释解释时可单独使用
扩展图形符号		用去除材料方法获得的表面，仅当其含义是"被加工表面"时可单独使用。例如，车、铣、钻、磨、剪切、抛光、腐蚀、电火花加工和气割等
		不去除材料的表面，例如，铸、锻、冲压变形、热轧、冷轧和粉末冶金等。也可用于保持上道工序形成的表面，不管这种状况是通过去除或不去除材料形成的
完整图形符号		在以上各种符号的长边上加一横线，以便注写对表面粗糙度的各种要求

　　当图样中某个视图上构成封闭轮廓的各表面有相同的表面结构要求时，在完整图形符号上加一圆圈，标注在封闭轮廓线上，如图7-24所示的表面结构符号是指对图形中封闭轮廓的六个面的共同要求（不包括前后面）。

　　（4）图形符号的尺寸以及表面结构和补充要求的注写位置　为了明确表面结构要求，除了标注表面粗糙度参数代号和数值外，必要时应标注补充要求，包括传输带、取样长度、加工工艺、表面纹理及方向和加工余量等。图形符号的尺寸和这些要求在图形符号中的注写位置如图7-25所示。

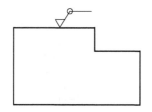

图7-24　对周边各面有相同的表面结构要求的注法

图7-25　注写位置

　　位置 a——注写表面结构的单一要求。

　　位置 a 和 b——若需注写两个表面结构要求时，a 处注写第一个要求，b 处注写第二个要求；若要注写第三个或更多个要求，图形符号应在垂直方向扩大，以空出足够的空间，a 和 b 的位置随之上移，其下方紧接书写第三个或更多个要求，每个要求各自写成一行。

　　位置 c——注写加工方法、表面处理和涂层等要求，如车、磨、铣和镀等。

　　位置 d——注写表面纹理和纹理的方向，如 =、⊥、X、M 等符号，分别表示纹理平行、垂直于视图所在的投影面，纹理呈两斜向交叉与视图所在的投影面相交，纹理呈多方向等。

　　位置 e——注写加工余量，以 mm 为单位给出数值。

　　（5）表面结构代号　表面结构符号中注写了具体参数代号及参数值等要求后，称为表面结构代号。表面结构代号及其含义示例见表7-5。

表7-5　表面结构代号及其含义示例

序号	代号示例	含义/解释
1	$\sqrt{}$ Ra0.8	表示不允许去除材料，单向上限值，默认传输带，R 轮廓，算术平均偏差为 0.8μm，评定长度为 5 个取样长度（默认），16% 规则（默认）
2	$\sqrt{}$ Rzmax0.2	表示去除材料，单向上限值，默认传输带，R 轮廓，轮廓最大高度的最大值为 0.2μm，评定长度为 5 个取样长度（默认），最大规则
3	$\sqrt{}$ 0.008-0.8/Ra3.2	表示去除材料，单向上限值，传输带 0.008～0.8mm，R 轮廓，算术平均偏差为 3.2μm，评定长度为 5 个取样长度（默认），16% 规则（默认）
4	$\sqrt{}$ -0.8/Ra3 3.2 / 0.0025	表示去除材料，单向上限值，传输带 0.0025～0.8mm，R 轮廓，算术平均偏差为 3.2μm，评定长度包含 3 个取样长度，16% 规则（默认）
5	$\sqrt{}$ U Ramax3.2 / L Ra0.8	表示不允许去除材料，双向极限值，两极限值均使用默认传输带，R 轮廓。上限值：算术平均偏差为 3.2μm，评定长度为 5 个取样长度（默认），最大规则。下限值：算术平均偏差为 0.8μm，评定长度为 5 个取样长度（默认），16% 规则（默认）

（6）表面结构要求在图样中的注法

1）表面结构要求对每一表面一般只注一次，并尽可能注在相应的尺寸及其公差的同一视图上。除非另有说明，所标注的表面结构要求是对完工零件表面的要求。

2）表面结构的注写和读取方向与尺寸的注写和读取方向一致。表面结构要求可标注在轮廓线上，其符号应从材料外指向并接触表面（见图7-26）。必要时，表面结构也可用带箭头或黑点的指引线引出标注（见图7-26和图7-27）。

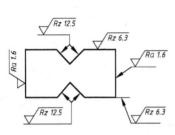

图7-26　表面结构要求在轮廓线上的标注

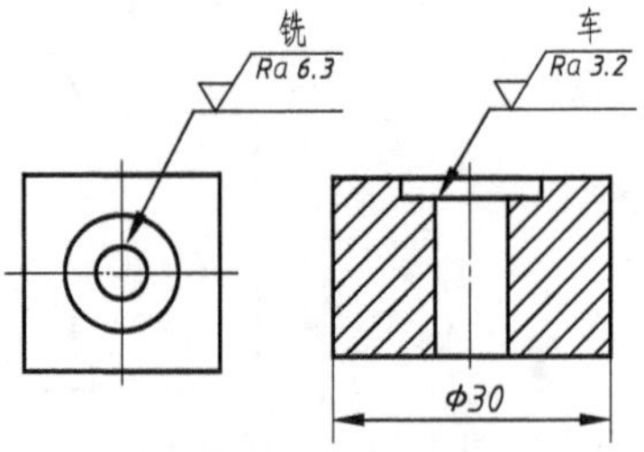

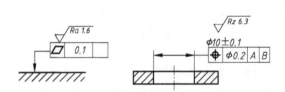

图7-27　用指引线引出标注表面结构要求

3）在不引起误解时，表面结构要求可以标注在给定的尺寸线上（见图7-28）。

4）表面结构要求可标注在几何公差框格的上方（见图7-29）。

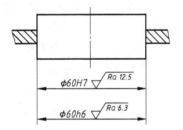

图7-28　表面结构要求图标注在尺寸线上

图7-29　表面结构要求标注在几何公差框格的上方

5）圆柱和棱柱的表面结构要求只标注一次。圆柱的表面结构要求标注在圆柱特征或其轮廓线上（见图7-30和图7-31）。如果每个棱柱表面有不同的表面结构要求，则应分别单独标注（见图7-31）。

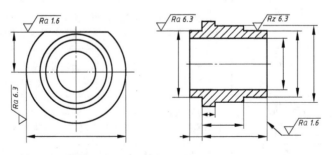

图7-30　表面结构要求标注在圆柱特征或其延长线上

（7）表面结构要求在图样中的简化注法

1）有相同表面结构要求的简化注法。如图7-32所示，如果在工件的多数（包括全部）

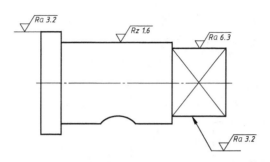

图 7-31　圆柱和棱柱的表面结构要求的注法

表面有相同的表面结构要求时，则其表面结构要求可统一标注在图样的标题栏附近（不同的表面结构要求应直接标注在图形中）。此时，表面结构要求的符号后面应有：在圆括号内给出无任何其他标注的基本符号（见图 7-32a）或在圆括号内给出不同的表面结构要求（见图 7-32b）。

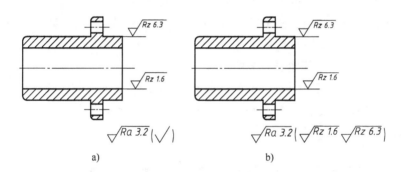

图 7-32　大多数表面有相同表面粗糙度要求的简化注法

2）多个表面有共同要求的注法。

① 用带字母的完整符号的简化注法。如图 7-33 所示，用带字母的完整符号以等式的形式，在图形或标题栏附近对有相同表面结构要求的表面进行简化标注。

图 7-33　在图纸空间有限时的简化注法

② 只用表面结构符号的简化注法。如图 7-34 所示，用表面结构符号以等式的形式给出多个表面共同的表面结构要求。图 7-34 中的这三个简化注法，分别表示未指定工艺方法、要求去除材料、不允许去除材料的表面结构代号。

图 7-34　多个表面结构要求的简化注法

工程制图与三维设计

3）两种或多种工艺获得的同一表面的注法。由几种不同的工艺方法获得的同一表面，当需要明确每种工艺方法的表面结构要求时，可按如图7-35a所示进行标注（图7-35a中Fe表示基体材料为钢，Ep表示加工工艺为电镀）。

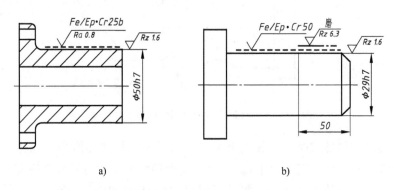

图7-35 多种工艺获得同一表面的注法

图7-35b所示为三个连续的加工工序的表面结构、尺寸和表面处理的标注。

第一道工序：单向上限值，$Rz = 1.6\mu m$，16%规则（默认），默认评定长度，默认传输带，表面纹理没有要求，去除材料的工艺。

第二道工序：镀铬，无其他表面结构要求。

第三道工序：一个单向上限值，仅对长为50mm的圆柱表面有效，$Rz = 6.3\mu m$，16%规则（默认），默认评定长度，默认传输带，表面纹理没有要求，磨削加工工艺。

7.4.2 极限与配合

极限与配合以及几何公差，是零件图和装配图中重要的技术要求，也是检验产品质量的技术指标。国家发布了有关极限与配合、几何公差的标准。

1. 极限与配合的基本概念

（1）零件的互换性　互换性是指零件的装配性质，对于相同规格的零件或部件，不经选择、修配或调整，任取其一装配到机器或部件上，不需要修配加工就能满足性能要求。互换性原则在机器制造中的应用，大大地简化了零部件的制造和装配过程，使产品的生产周期显著缩短，提高了劳动生产力，降低了生产成本，便于维修，保证了产品质量。

（2）尺寸公差　零件在制造过程中，由于机床精度、刀具磨损、测量误差等因素的影响，完工后的尺寸与公称尺寸间总会存在一定的误差，所以在设计中对零件的尺寸应分别规定合理的尺寸精度。精度高，误差小，但加工难，成本高；若精度低，则相反。所以应在满足设计要求的前提下，考虑加工的可能性和经济性，尽量选用较低的精度，按选用的标准公差等级，必须将零件的尺寸控制在允许变动的范围内。为保证零件的互换性，也必须将零件的尺寸控制在允许变动的范围内。这些允许的尺寸变动量称为尺寸公差。关于极限与配合制所确定的一些主要术语，以图7-36a所示圆柱孔的尺寸 $\phi30mm \pm 0.01mm$ 为例，简要说明如下：

1）公称尺寸。由图样规范确定的理想形状要素的尺寸：$\phi30$ 是设计给定的尺寸。

2）极限尺寸。允许尺寸变动的两个极限值：

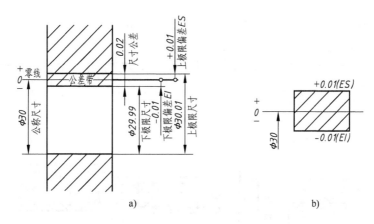

图 7-36　极限与配合制中的一些术语解释及公差带图
a）术语解释　b）公差带图

上极限尺寸　30mm + 0.01mm = 30.01mm，即允许的最大尺寸。

下极限尺寸　30mm – 0.01mm = 29.99mm，即允许的最小尺寸。

3）极限偏差。极限尺寸减公称尺寸所得的代数差，即上极限尺寸和下极限尺寸减公称尺寸所得的代数差，分别为上极限偏差和下极限偏差，统称极限偏差。孔的上、下极限偏差代号分别用大写字母 ES 和 EI 表示；轴的上、下极限偏差代号分别用小写字母 es 和 ei 表示。

上极限偏差 ES = 30.01mm – 30mm = + 0.01mm

下极限偏差 EI = 29.99mm – 30mm = – 0.01mm

4）尺寸公差。允许尺寸的变动量，即上极限尺寸减下极限尺寸，也等于上极限偏差减下极限偏差所得的代数差。尺寸公差是一个没有符号的绝对值。

公差：30.01mm – 29.99mm = 0.02mm 或 |0.01mm – (– 0.01mm)| = 0.02mm

5）公差带、公差带图和零线。公差带是表示公差大小和相对零线位置的一个区域。为简化起见，一般只画出上、下极限偏差围成的矩形框简图，称为公差带图，如图 7-36b 所示。在公差带图中，零线是表示公称尺寸的一条直线，以其为基准确定偏差和公差（见图 7-36）。零线通常沿水平方向绘制，正偏差位于其上，负偏差位于其下。

6）极限制。经标准化的公差与偏差制度，称为极限制。

（3）配合　公称尺寸相同，相互结合的孔和轴公差带之间的关系，称为配合。

为了满足零件之间不同的配合要求，配合可以分为以下三种：

1）间隙配合。孔和轴在配合时具有间隙，孔的公差带在轴的公差带之上的配合，如图 7-37a 所示。

2）过盈配合。孔和轴在配合时具有过盈，孔的公差带在轴的公差带之下的配合，如图 7-37b 所示。

3）过渡配合。孔和轴在配合时，既可能具有间隙，也可能出现过盈，孔和轴的公差带互相交叠配合，如图 7-37c 所示。

（4）标准公差与基本偏差　为了满足不同的配合要求，国家标准规定，孔、轴公差带由标准公差和基本偏差两个要素组成。标准公差确定公差带大小，基本偏差确定公差带位置，如图 7-38 所示。

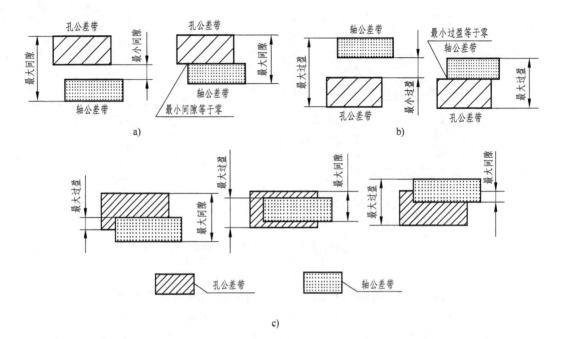

图 7-37　配合

a) 间隙配合　b) 过盈配合　c) 过渡配合

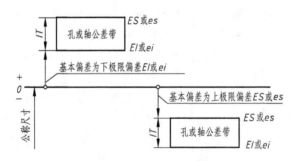

图 7-38　公差带大小及位置

1) 标准公差。标准公差是 GB/T 1800.1—2020 线性尺寸公差 ISO 代号体系中所规定的任一公差。标准公差的数值由公称尺寸和公差等级来确定，其中公差等级确定尺寸的精确程度。标准公差顺次分为 20 个等级，即 IT01，IT0，IT1，…，IT18。IT 表示公差，数字表示公差等级，IT01 公差值最小，精度最高；IT18 公差值最大，精度最低。在 20 个标准公差等级中，IT01 ~ IT12 用于配合尺寸。各级标准公差的数值可查阅表 7-6。

表 7-6　标准公差数值（GB/T 1800.1—2020）

公称尺寸/mm		标准公差等级																
		IT1	IT2	IT3	IT4	IT5	IT6	IT7	IT8	IT9	IT10	IT11	IT12	IT13	IT14	IT15	IT16	IT17	IT18
大于	至	μm											mm						
—	3	0.8	1.2	2	3	4	6	10	14	25	40	60	0.1	0.14	0.25	0.4	0.6	1	1.4
3	6	1	1.5	2.5	4	5	8	12	18	30	48	75	0.12	0.18	0.3	0.48	0.75	1.2	1.8

（续）

公称尺寸/mm		标准公差等级																	
大于	至	IT1	IT2	IT3	IT4	IT5	IT6	IT7	IT8	IT9	IT10	IT11	IT12	IT13	IT14	IT15	IT16	IT17	IT18
		μm											mm						
6	10	1	1.5	2.5	4	6	9	15	22	36	58	90	0.15	0.22	0.36	0.58	0.9	1.5	2.2
10	18	1.2	2	3	5	8	11	18	27	43	70	110	0.18	0.27	0.43	0.7	1.1	1.8	2.7
18	30	1.5	2.5	4	6	9	13	21	33	52	84	130	0.21	0.33	0.52	0.84	1.3	2.1	3.3
30	50	1.5	2.5	4	7	11	16	25	39	62	100	160	0.25	0.39	0.62	1	1.5	2.5	3.9
50	80	2	3	5	8	13	19	30	46	74	120	190	0.3	0.46	0.74	1.2	1.9	3	4.6
80	120	2.5	4	6	10	15	22	35	54	87	140	220	0.35	0.54	0.87	1.4	2.2	3.5	5.4
120	180	3.5	5	8	12	18	25	40	63	100	160	250	0.4	0.63	1	1.6	2.5	4	6.3
180	250	4.5	7	10	14	20	29	46	72	115	185	290	0.46	0.72	1.15	1.85	2.9	4.6	7.2
250	315	6	8	12	16	23	32	52	81	130	210	320	0.52	0.81	1.3	2.1	3.2	5.2	8.1
315	400	7	9	13	18	25	36	57	89	140	230	360	0.57	0.89	1.4	2.3	3.6	5.7	8.9
400	500	8	10	15	20	27	40	63	97	155	250	400	0.63	0.97	1.55	2.5	4	6.3	9.7

注：公称尺寸在 500～3150mm 范围内的标准公差数值本表未列入，标准公差等级 IT01 和 IT0 在工业中很少用到，本表也未列入，需用时可查阅该标准。

2）基本偏差。基本偏差是 GB/T 1800.1—2020 极限与配合制中，确定公差带相对零线位置的上极限偏差或下极限偏差，一般是指孔和轴的公差带中靠近零线的那个偏差。当公差带在零线的上方时，基本偏差为下极限偏差；与此相反则为上极限偏差，如图 7-38 所示。基本偏差代号对孔用大写字母 A、B、C 等表示，对轴用小写字母 a、b、c 等表示。

GB/T 1800.1—2020 对孔和轴各规定了 28 个基本偏差，如图 7-39 所示。其中 A～H（a～h）用于间隙配合；J～ZC（j～zc）用于过渡配合和过盈配合。从基本偏差系列图中可以看到：孔的基本偏差 A～H 为下极限偏差，J～ZC 为上极限偏差；轴的基本偏差 a～h 为上极限偏差；j～zc 为下极限偏差；JS 和 js 的上、下极限偏差对零线对称，孔和轴的上、下极限偏差分别都是 $+\dfrac{IT}{2}$、$-\dfrac{IT}{2}$。基本偏差系列示意图只表示公差带的位置，不表示公差带的大小，因此，公差带的一端是开口的，开口的另一端由标准公差限定。

如果基本偏差和标准公差等级确定了，那么孔和轴的公差带位置和大小就确定了，这时它们的配合类别也确定了。

根据尺寸公差的定义，基本偏差和标准公差有以下计算式：

$$ES = EI + IT \text{ 或 } EI = ES - IT$$

$$ei = es - IT \text{ 或 } es = ei + IT$$

轴和孔的公差带由基本偏差代号与公差等级数字表示。

例如，$\phi50H8$ 的含义是：

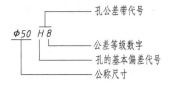

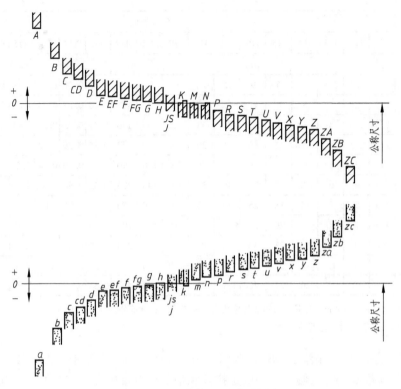

图 7-39　基本偏差系列示意图

此公差带的全称是：公称尺寸为 $\phi50$mm、公差等级为 8 级、基本偏差为 H 的孔的公差带。如 $\phi50f8$ 的含义是：

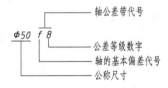

此公差带的全称是：公称尺寸为 $\phi50$mm、公差等级为 8 级、基本偏差为 f 的轴的公差带。

（5）配合制　同一极限制的孔和轴组成的一种配合制度，称为配合制。即在制造互相配合的零件时，使其中一种零件作为基准件，它的基本偏差固定，通过改变另一种非基准件的偏差来获得各种不同性质的配合制度。根据生产实际需要，GB/T 1800.1—2020 规定了两种配合制：基孔制配合和基轴制配合。与标准件配合时，通常选择标准件为基准件，例如，滚动轴承内圈与轴的配合为基孔制配合，外圈与座孔的配合为基轴制配合。因此，在装配图中与滚动轴承配合的轴和孔，只标注轴或孔的公差带代号，滚动轴承内、外直径尺寸的极限偏差另有标准，规定一般不标注。

1）基孔制配合。基本偏差为一定的孔的公差带，与不同基本偏差的轴的公差带形成各种配合的一种制度。基孔制配合的孔称为基准孔，其基本偏差代号为 H，下极限偏差为零，即它的下极限尺寸等于公称尺寸。图 7-40 所示就是采用基孔制配合的三种配合示例。

2）基轴制配合。基本偏差为一定的轴的公差带，与不同基本偏差的孔的公差带形成各种配合的一种制度。基轴制配合的轴称为基准轴，其基本偏差代号为 h，上极限偏差为零，即它的上极限尺寸等于公称尺寸。图 7-41 所示就是采用基轴制配合的三种配合示例。

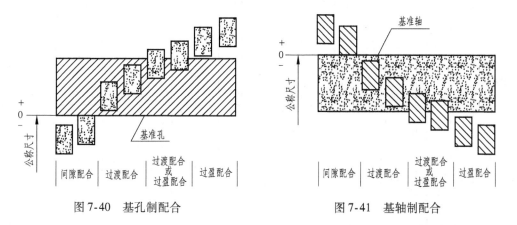

图 7-40　基孔制配合　　　　　　图 7-41　基轴制配合

3）配合代号。用孔、轴公差带代号组成的分数式表示，分子表示孔的公差带代号，分母表示轴的公差带代号，如 $\frac{H8}{f7}$、$\frac{H9}{f9}$、$\frac{P8}{h7}$ 等，也可写成 H8/f7、H9/h9、P8/h7 的形式。

显而易见，在配合代号中有"H"者为基孔制配合，有"h"者为基轴制配合。

例如，公称尺寸为 $\phi50$mm 的基孔制配合，孔的公差等级为 8 级，轴的基本偏差为 f 级，公差等级为 7 级，试写出它们的公称尺寸和配合代号。$\phi50\frac{H8}{f7}$ 或 $\phi50$H8/f7

进一步，由基本偏差系列图查出孔、轴极限偏差值，可知此配合为间隙配合。

又如已知配合代号为：$\phi40$K7/h6，试说明配合代号含义。

即表示公称尺寸为 $\phi40$mm，公差等级为 6 级的基准轴与基本偏差为 K，公差等级为 7 级的孔形成的基轴制过渡配合。

（6）优先、常用配合　为了提高生产率，减少生产中刀具、量具的种类，即减少实际使用的配合种类，规定了公称尺寸至 500mm 的优先和常用配合，见表 7-7 和表 7-8。在设计中尽量采用表中带"▲"标记的优先配合。

表 7-7　基孔制优先、常用配合

基准孔	轴																				
	a	b	c	d	e	f	g	h	js	k	m	n	p	r	s	t	u	v	x	y	z
	间隙配合								过渡配合				过盈配合								
H6						$\frac{H6}{f5}$	$\frac{H6}{g5}$	$\frac{H6}{h5}$	$\frac{H6}{js5}$	$\frac{H6}{k5}$	$\frac{H6}{m5}$	$\frac{H6}{n5}$	$\frac{H6}{p5}$	$\frac{H6}{r5}$	$\frac{H6}{s5}$	$\frac{H6}{t5}$					
H7						$\frac{H7}{f6}$	▲$\frac{H7}{g6}$	$\frac{H7}{h6}$	$\frac{H7}{js6}$	▲$\frac{H7}{k6}$	$\frac{H7}{m6}$	▲$\frac{H7}{n6}$	▲$\frac{H7}{p6}$	$\frac{H7}{r6}$	▲$\frac{H7}{s6}$	$\frac{H7}{t6}$	▲$\frac{H7}{u6}$	$\frac{H7}{v6}$	$\frac{H7}{x6}$	$\frac{H7}{y6}$	$\frac{H7}{z6}$

（续）

基准孔	轴																				
	a	b	c	d	e	f	g	h	js	k	m	n	p	r	s	t	u	v	x	y	z
	间隙配合								过渡配合			过盈配合									
H8					H8/e7	▲ H8/f7	H8/g7	▲ H8/h7	H8/js7	H8/k7	H8/m7	H8/n7	H8/p7	H8/r7	H8/s7	H8/t7	H8/u7				
				H8/d8	H8/e8	H8/f8		H8/h8													
H9			H9/c9	▲ H9/d9	H9/e9	H9/f9		▲ H9/h9													
H10			H10/c10	H10/d10				H10/h10													
H11	H11/a11	H11/b11	▲ H11/c11	H11/d11				▲ H11/h11													
H12		H12/b12						H12/h12													

表 7-8　基轴制优先、常用配合

基准轴	孔																				
	A	B	C	D	E	F	G	H	JS	K	M	N	P	R	S	T	U	V	X	Y	Z
	间隙配合								过渡配合			过盈配合									
h5						F6/h5	G6/h5	H6/h5	JS6/h5	K6/h5	M6/h5	N6/h5	P6/h5	R6/h5	S6/h5	T6/h5					
h6						▲ F7/h6	▲ G7/h6	▲ H7/h6	JS7/h6	▲ K7/h6	M7/h6	▲ N7/h6	▲ P7/h6	R7/h6	▲ S7/h6	T7/h6	▲ U7/h6				
h7					E8/h7	▲ F8/h7		▲ H8/h7	JS8/h7	K8/h7	M8/h7	N8/h7									
h8				D8/h8	E8/h8	F8/h8		H8/h8													
h9				▲ D9/h9	E9/h9	F9/h9		▲ H9/h9													
h10				D10/h10				H10/h10													
h11	A11/h11	B11/h11	▲ C11/h11	D11/h11				▲ H11/h11													
h12		B12/h12						H12/h12													

2. 极限与配合的标注与查表

（1）极限与配合在图样上的标注

1）在零件图上的标注形式。在零件图上线性尺寸的公差标注形式有三种：

① 标注公差带代号：将公差带的代号标注在公称尺寸的右边，如图7-42a所示。

② 标注极限偏差：将上、下偏差分别标注在公称尺寸的右上边和右下边。上极限、下极限偏差数字应该比公称尺寸数字小一号，上极限、下极限偏差前面必须标注正、负号，上极限、下极限偏差的小数点必须对齐，小数点后的位数也必须相同，如图7-42b所示。如果上极限、下极限偏差数值相同时，可以写在一起，其极限偏差字高与公称尺寸相同，如：$\phi50 \pm 0.015$。

③ 混合标注：可以同时标注出公差带代号和上、下极限偏差数值，上、下极限偏差数值写在公差带代号后面的括号中，如图7-42c所示。

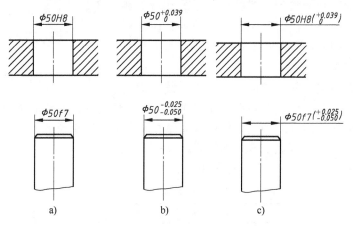

图 7-42　零件图上的尺寸公差标注

2）在装配图上的标注形式。在装配图中，表示孔、轴配合的部位要标注配合代号，是在公称尺寸右边以分式形式标注出来。分子和分母分别表示孔和轴的公差带代号，如图7-43所示。格式如下：

$$公称尺寸\dfrac{孔的公差带代号}{轴的公差带代号}$$

如果分子中的基本偏差代号为 H，则孔为基准孔，为基孔制配合；如果分母中的基本偏差代号为 h，则孔为基准轴，为基轴制配合。

（2）查表方法　互相配合的孔和轴，按公称尺寸和公差带可通过查阅 GB/T 1800.2—2020 中所列的表格获得上、下极限偏差数值。优先配合中的轴和孔的上、下极限偏差数值可直接查阅附录。

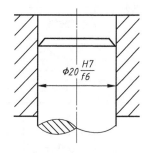

图 7-43　装配图上的
尺寸公差标注

例如、查表写出 $\phi18H8/f7$ 的上、下极限偏差数值。

对照表 7-7 可知，H8/f7 是基孔制的优先配合，其中 H8 是基准孔的公差带；f7 是配合轴的公差带。

1）$\phi18H8$ 基准孔的上、下极限偏差可由附录中查得。在表中由公称尺寸从大于 14mm 至 18mm 的行和孔的公差带 H8 的列相交处查得 $^{+27}_{0}$（即 $^{+0.027}_{0}$mm），这就是基准孔的上、下极限偏差，所以 $\phi18H8$ 可写成 $\phi18\,^{+0.027}_{0}$。

2）$\phi18f7$ 配合轴的上、下极限偏差，可由附录中查得。在表中由公称尺寸从大于 14mm 至 18mm 的行和轴的公差带 f7 的列相交处查得 $^{-16}_{-34}$，就是配合轴的上极限偏差和下极限偏差，所以 $\phi18f7$ 可写成 $\phi18\,^{-0.016}_{-0.034}$。

零件图上的任何尺寸都必须有明确的公差要求才能加工，为了保证产品的质量和生产效益，对零件上较低精度的非配合尺寸也要控制误差规定公差，这种公差称为一般公差，它们的公差等级和极限偏差值可查阅 GB/T 1804—2000《一般公差　未注公差的线性和角度尺寸的公差》。

7.4.3　几何公差

1. 基本概念

几何公差包括形状、方向、位置和跳动公差，是指零件的实际形状和位置对理想形状和位置的变动量。在对一些精度要求较高的零件加工时，不仅需要保证尺寸公差，还要保证其几何公差。如图 7-44 所示零件轴线弯曲且与端面不垂直，导致两零件不能正确装配。

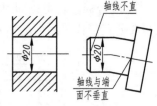

图 7-44　几何公差

几何公差是针对构成零件几何特征的点、线、面的形状和位置误差所规定的公差。形状误差是指线和面的实际形状相对其理想形状的变动量，位置误差是指点、线、面的实际方向和位置相对其理想方向和位置的变动量。

2. 几何公差的代号及标注方法（GB/T 1182—2018）

1）几何公差类型、几何特征及符号如表 7-9 所列。

表 7-9　几何特征及符号

公差类型	几何特征	符　号	有无基准	公差类型	几何特征	符　号	有无基准
形状公差	直线度	—	无	位置公差	位置度	⊕	有或无
	平面度	▱			同心度（用于中心点）	◎	有
	圆度	○					
	圆柱度	⌀					
	线轮廓度	⌒			同轴度（用于轴线）		
	面轮廓度	⌓					
方向公差	平行度	∥	有		对称度	≡	
	垂直度	⊥			线轮廓度	⌒	
	倾斜度	∠			面轮廓度	⌓	
	线轮廓度	⌒		跳动公差	圆跳动	↗	
	面轮廓度	⌓			全跳动	⌰	

2）几何公差框格。几何公差要求在矩形方框中给出，由两格或多格组成。框格中每部分的内容按照如图 7-45 所示进行标注。框格的高度为框内字高 h 的两倍。

第一格：几何特征符号。

第二格：公差数值及附加符号。公差值以 mm 为单位，当公差带为圆形或圆柱形时，在公差值前标注"ϕ"符号，当公差带为球形时，在公差值前标注"$S\phi$"。

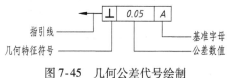

图 7-45　几何公差代号绘制

第三格及其后各格：表示基准要素或基准体的字母及附加符号。

3）被测要素的标注。被测要素与公差框格之间用一带箭头的指引线相连。

当被测要素为轮廓线或表面时，箭头应该指向要素的轮廓线或轮廓线的延长线上，但是必须与尺寸线明显分开，如图 7-46a、b 所示。

当被测要素为轴线、中心平面或由带尺寸的要素确定时，箭头的指引线应与尺寸线的延长线重合，如图 7-46c、d 所示。

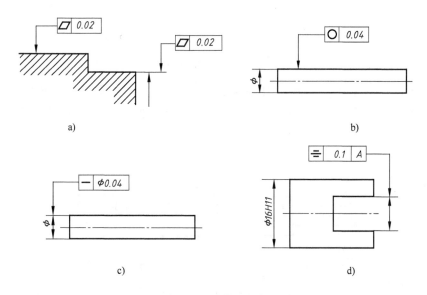

a)

b)

c)

d)

图 7-46　被测要素的标注方法

4）基准的标注。与被测要素相关的基准用一个大写字母表示。字母标注在基准方格内，与一个涂黑的或空白的三角形相连，以表示基准。表示基准的字母还应标注在公差框格内。涂黑的和空白的基准三角形含义相同，如图 7-47 和图 7-48 所示。

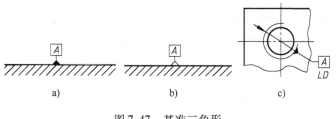

a)

b)

c)

图 7-47　基准三角形

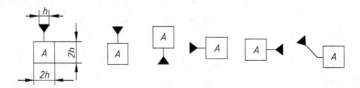

图 7-48　基准的绘制

当基准要素是轮廓线或轮廓面时，基准三角形位置在要素的轮廓或其延长线上，应与尺寸线明显错开。基准三角形也可放置在该轮廓面引出线的水平线上，如图 7-49 所示。

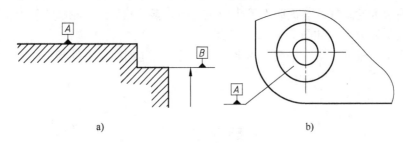

a)　　　　　　　　　　　　　　　b)

图 7-49　基准的标注方法（一）

当基准是尺寸要素确定的轴线、中心面或中心点时，基准三角形应放置在该尺寸线的延长线上，如图 7-50a 所示。如果没有足够的位置标注基准要素尺寸的两个尺寸箭头，则其中一个箭头可用基准三角形代替，如图 7-50b 所示。

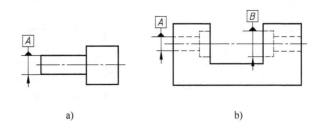

a)　　　　　　　　　　　　b)

图 7-50　基准的标注方法（二）

【例 7-1】　根据如图 7-51 所示的轴套零件，识读图 7-51 中所标注的几何公差的含义。

解：

1）厚度为 20mm 的安装板左端面对 $\phi150_{-0.068}^{-0.043}$ 圆柱面轴线的垂直度公差是 0.03mm。

2）安装板右端面对 $\phi160_{-0.068}^{-0.043}$ 圆柱面轴线的垂直度公差是 0.03mm。

3）$\phi125_{0}^{+0.025}$ 圆孔的轴线对 $\phi85_{-0.025}^{-0.010}$ 圆孔轴线的同轴度公差是 $\phi0.05$mm。

4）$5\times\phi21$mm 孔对由与基准 C 同轴，直径尺寸 $\phi210$ 确定并均匀分布的理想位置的位置度公差是 $\phi0.125$mm。

3. 其他技术要求

除上文基本的技术要求外，技术要求还应包括对表面的特殊加工及修饰，对表面缺陷的限制，对材料性能的要求，对加工方法、检验和试验方法的具体指示等，其中有些项目可单独写成技术文件。

（1）零件毛坯的要求　对于铸造或锻造的毛坯零件，应有必要的技术说明，如对铸件的圆角、气孔及缩孔、裂纹等影响零件使用性能的现象应有具体的限制，再如锻件去除氧化皮等。

（2）热处理要求　热处理对于金属材料的力学性能的改善与提高有显著作用，因此在设计机器零件时常提出热处理要求，如轴类零件的调质处理 42~45HRC、齿轮轮齿的淬火等。

热处理要求一般是写在技术要求条目中，对于表面渗碳及局部热处理要求也可直接标注在视图上。

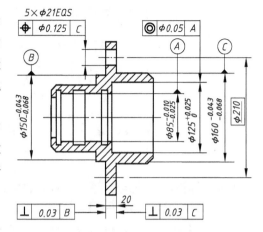

图 7-51　轴套零件的几何公差标注

（3）表面涂层、修饰的要求　根据零件用途的不同，常对一些零件表面提出必要的特殊加工和修饰要求，如为防止零件表面生锈，对非加工面应喷漆，以及工具把手表面为防滑进行的滚花加工等。

（4）对试验条件与方法的要求　为保证部件的安全使用，常需提出试验条件等要求，如化工容器中的压力试验、强度试验，以及齿轮泵的密封要求等。

综上所述，在填写技术要求时，应注意以下几个问题：

1）用代号形式在图样上标注技术要求时，采用的代号及标注方法要符合国标规定。

2）用文字说明技术要求时，说明文字上方应写出"技术要求"字样的标题。

3）齿轮轮齿参数、弹簧参数要以表格方式注在图的右上角。

4）说明文字中有多项技术要求时，应按主次及工艺过程顺序加以排列，并编上顺序号。

5）说明文字应简明扼要、准确。

7.5　NX 软件尺寸及技术要求的标注

7.5.1　尺寸类型

尺寸标注用来标注视图对象的尺寸大小和公差值。NX 软件为用户提供了多种尺寸类型，如自动判断、水平、竖直、角度、直径、半径、圆弧长、水平链和竖直链等，如图 7-52 所示。

7.5.2　标注尺寸的方法

尺寸的标注一般包括选择尺寸类型、设置尺寸样式、选择名义精度、指定公差类型和编辑文本等。下面将详细介绍其各个步骤的操作方法。

1. 选择尺寸类型

在上文已经介绍了尺寸的所有类型，用户可以根据标注对象的不同，选择不同的尺寸类

图 7-52 尺寸类型

型。例如，标注对象是圆时，用户可以选择【直径】或者【半径】尺寸类型，如果需要标注
尺寸链时，可以选择【水平链】、【水平基线尺寸】等尺寸类型来生成尺寸链。在【尺寸】工
具条中单击【直径尺寸】按钮或者选择【插入】→【尺寸】→【直径】菜单项，系统即可弹出
【直径尺寸】对话框，如图 7-53 所示。该对话框包含【值】、【文本】、【设置】、【驱动】、
【层叠】和【对齐】等选项。

图 7-53 【直径尺寸】对话框

2. 设置尺寸样式

在【直径尺寸】对话框中单击【尺寸标注样式】按钮，打开【尺寸标注样式】对话
框，如图 7-54 所示。该对话框包含 6 个标签，它们分别是【尺寸】、【直线/箭头】、【文字】、
【单位】、【径向】和【层叠】。单击其中的一个标签，即可对相应的选项进行设置。

图 7-54 【尺寸标注样式】对话框

3. 选择名义精度

该下拉列表框（见图 7-53 中左起第二个下拉列表框）允许设置公称尺寸的名义精度，

即小数点的位数。用户最多可以设置 6 位小数精度,系统默认的小数精度为 1。

4. 编辑文本

当用户需要修改尺寸的文本格式,如字体的大小和颜色等时,可以在【直径尺寸】对话框中单击【文本编辑器】按钮,打开【文本编辑器】对话框,系统会提示用户"输入附加文本"信息。

7.5.3 注释编辑器

制图环境中的几何公差和文本注释都可通过注释编辑器来标注,因此,在这里先介绍注释编辑器的用法。

在菜单栏中选择【插图】→【注释】→【注释】菜单项(或单击【注释】工具条中的【注释】按钮),系统即可弹出【注释】对话框。

打开【注释】对话框后,在对话框中输入文本,然后在格式化中设置文本参数,最后将文字拖动到适当的位置,单击放置即可。

7.5.4 插入中心线

NX 软件提供了很多的中心线,例如,中心标记、螺栓圆、对称中心线、2D 中心线和 3D 中心线,从而可以对工程图进行进一步的丰富和完善,下面将详细介绍插入中心线的方法。

1)在菜单栏中选择【插入】→【中心线】→【2D 中心线】菜单项。

2)系统会弹出【2D 中心线】对话框如图 7-55 所示,在图形区中,依次选择两条边线,在【设置】区域下方选中【单独设置延伸】复选框。

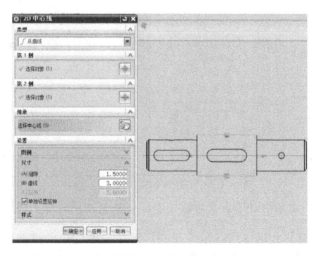

图 7-55 【2D 中心线】对话框

3)此时中心线的两个端点上显示出两个箭头,用户可以分别拖动两个箭头调整中心线长度。

4)返回到【2D 中心线】对话框中,单击【确定】按钮。

5)通过以上步骤即可完成创建中心线的操作。

7.5.5 表面粗糙度符号

标注表面粗糙度的方法如下：

1）在菜单栏中选择【插入】→【注释】→【表面粗糙度符号】菜单项。
2）系统会弹出【表面粗糙度】对话框（见图7-56），设置表面粗糙度参数。
3）在图形区中，选择边线放置符号。
4）标注其他表面粗糙度符号。

7.5.6 几何公差符号

使用【几何公差符号】命令可以创建几何公差基准特征符号，以便在图纸上指明基准特征。在菜单栏中选择【插入】→【注释】→【特征控制框】菜单项，或者单击【注释】工具条中的【特征控制框】按钮，系统即可弹出【特征控制框】对话框，如图7-57所示。

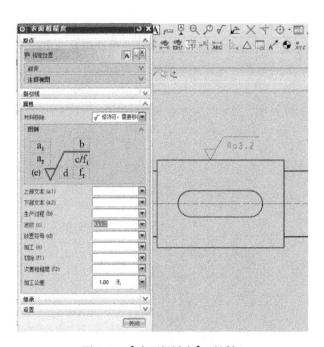

图 7-56 【表面粗糙度】对话框　　　　图 7-57 【特征控制框】对话框

打开【特征控制框】对话框后，在【对齐】组中选择【层叠注释】和【水平或竖直对齐】。然后选择【特性】，选择【框样式】。在公差栏中输入公差和基准参考，拖动和放置符号即可。

7.5.7 基准特征符号

使用【基准特征符号】命令可以创建几何公差基准特征符号，以便在图纸上指明基准特征。在菜单栏中选择【插入】→【注释】→【基准特征符号】菜单项，或者单击【注释】工具条中的【基准特征符号】按钮，系统即可弹出【基准特征符号】对话框。

打开【基准特征符号】对话框后，首先需要设置指引线类型和指引线类型的样式。然后选择一条边终止对象，最后单击拖动和放置符号即可。

7.6　标准件出图

国家规定采用简便的规定画法，既可以提高画图的效率，又可使图样更清晰。

7.6.1　螺纹的规定画法

根据国家标准规定，在图样上绘制螺纹按规定画法作图，而不必画出螺纹的真实投影。国家标准 GB/T 4459.1—1995《机械制图 螺纹及螺纹紧固件表示法》规定了螺纹的画法。

1. 外螺纹的规定画法

1）螺纹的牙顶（大径）用粗实线表示；牙底（小径）用细实线表示，并应画入螺杆的倒角区。通常小径按大径的 17/20 绘制，但当大径较大或画细牙螺纹时，小径数值应查国家标准。螺纹终止线用粗实线绘制，如图 7-58 所示。

2）在垂直于螺纹轴线的投影面的视图中，外螺纹牙顶（大径）用粗实线，画整圆，外螺纹牙底（小径）用细实线，只画 3/4 圈，此时，螺杆上的倒圆省略不画，如图 7-58a 所示。

3）当需要表示螺纹时，螺纹尾处用与轴线成 30°角的细实线绘制，如图 7-58b 所示。

4）在水管、油管和煤气管等管道中，常使用管螺纹连接，管螺纹的画法如图 7-58c 所示。

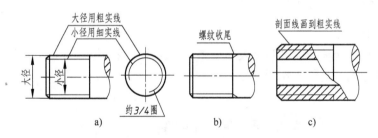

图 7-58　外螺纹的规定画法

2. 内螺纹的规定画法

1）内螺纹一般画成剖面图，内螺纹牙顶（小径）用粗实线表示，且不画入倒角区，小径尺寸计算同外螺纹；内螺纹牙底（大径）用细实线表示，剖面线画到粗实线为止；螺纹终止线用粗实线表示，如图 7-59 所示。

在绘制不通孔时，应画出螺纹终止线和钻孔深度线。钻孔深度 = 螺纹深度 + 0.5 × 螺纹大径；钻孔直径 = 螺纹小径；钻孔顶角 = 120°；剖面线画到粗实线处。

2）在垂直于螺纹轴线的投影面的视图中，内螺纹牙顶（小径）用粗实线画整圆，内螺纹牙底（大径）用细实线画约 3/4 圆。倒圆角省略不画，如图 7-59a 所示。

3）不作剖视或当螺纹不可见时，除螺纹轴线、圆中心线外，所有的图线均用细虚线绘制，如图 7-59b 所示。

4）当内螺纹为通孔时，其画法如图 7-59c 所示。

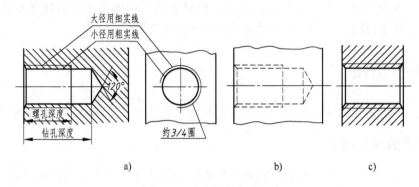

图 7-59　内螺纹的规定画法

3. 螺纹连接的规定画法

内外螺纹连接时，常采用全剖视图画出，其旋合部分按外螺纹绘制，其余部分按各自的规定画法绘制。标准规定，当沿外螺纹的轴线剖开时，螺杆作为实心零件按不剖绘制。表示内、外螺纹大、小径的粗、细实线应分别对齐。当垂直于螺纹轴线剖开时，螺杆处应画剖面线，如图 7-60 所示。

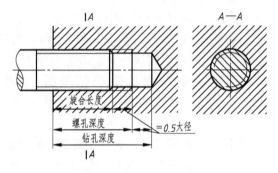

图 7-60　螺纹连接的规定画法

7.6.2　螺纹紧固件的规定画法

1. 螺栓连接的画法

螺栓连接是将螺栓杆身穿过两个被连接零件的通孔，再用螺母旋紧而将两个零件固定在一起的一种连接方式，如图 7-61 所示。

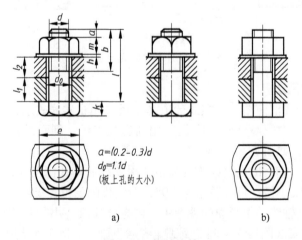

$a = (0.2 \sim 0.3)d$
$d_0 = 1.1d$
（板上孔的大小）

图 7-61　螺栓连接
a）近似画法　b）简化画法

画螺栓连接图时，应注意以下几点：

1）凡不接触的相邻表面，需画两条轮廓线（间隙过小者可夸大画出），两零件接触表面处只画一条轮廓线。

2）在剖视图中，相邻两零件剖面线方向应相反，或方向一致但间隔不等，而同一零件在各视图中的剖面线必须相同。

3）当连接图画成剖视图且剖切平面通过螺杆轴线时，对螺栓、螺母和垫圈等均按不剖绘制。

2. 双头螺柱连接的画法

双头螺柱连接的规定画法如图 7-62 所示。

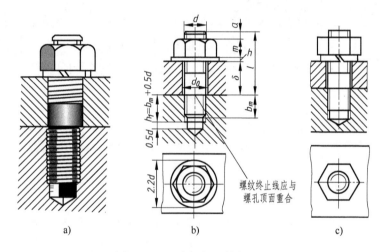

图 7-62　双头螺柱连接的画法

a）实体图　b）近似画法　c）简化画法

画双头螺柱连接图时，应注意以下几点：

1）上部紧固件部分与螺栓相同。

2）旋入端的螺纹终止线应与结合面平齐，表示旋入端已经拧紧。

3）弹簧垫圈用作防松，外径比平垫圈小，弹簧垫圈开槽方向应是阻止螺母松动方向，在图中应画成与水平线成 60°，上向左、下向右的两条线（或一条加粗线）。

7.6.3　键和销的规定画法

1. 键连接的画法

在键连接装配图中，当剖切平面通过轴的轴线以及键的对称平面时，轴和键均按不剖处理，为了表示键与轴的连接关系，可采用局部剖视表达，图 7-63 所示为键连接的画法。

画普通平键和半圆键连接图时，键的顶面与轮毂上键槽的底面之间有一定间隙，要画两条线；键的侧面与轮毂和轴之间、键的底面与轴之间都接触，只画一条线。

2. 销连接的画法

圆柱销、圆锥销连接的画法如图 7-64 所示。在连接图中，当剖切平面通过销孔轴线时，销按不剖处理。

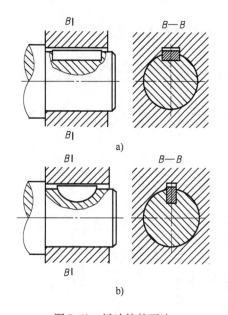

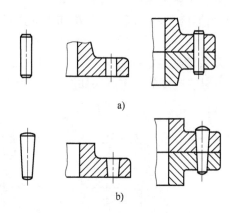

图 7-63　键连接的画法

a）普通型平键连接　b）普通型半圆键连接

图 7-64　销连接的画法

a）圆柱销连接　b）圆锥销连接

7.6.4　滚动轴承的规定画法

滚动轴承是标准件，不需要画出单个轴承的图样。在装配图中采用规定画法或特征画法绘制，在同一张图样中只能采用一种画法。滚动轴承的规定画法及特征画法如表 7-10 所列。

表 7-10　滚动轴承的规定画法及特征画法

轴承名称	深沟球轴承	推力球轴承	圆锥滚子轴承
规定画法			
特征画法			

1. 规定画法

通常在轴线的一侧按比例画法绘制，其中外径 D、内径 d、宽度 B 等为实际尺寸，可由滚动轴承标准中查出（参阅附录）；而另一侧采用矩形线框及位于线框中央正立的十字形符号表示。

2. 特征画法

在剖视图中，采用矩形线框及在线框内画出其滚动轴承结构要素符号的画法。

7.6.5 齿轮的规定画法

1. 圆柱齿轮的规定画法（GB/T 4459.2—2003）

（1）单个圆柱齿轮的规定画法

1）在表示外形的两个视图中，齿顶圆和齿顶线用粗实线绘制，分度圆和分度线用细单点画线绘制，齿根圆和齿根线用细实线绘制，也可忽略不画，如图 7-65a 所示。

2）齿轮的非圆视图一般采用半剖或全剖视图。这时轮齿按不剖处理，齿根线用粗实线绘制，且不能省略，如图 7-65b 所示。

3）若为斜齿或人字齿，需在非圆视图的外形部分用三条与齿线方向一致的细实线表示齿向，如图 7-65c 所示。

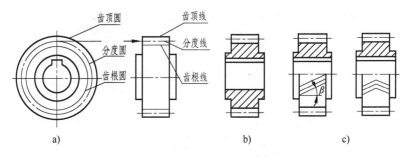

图 7-65 单个圆柱齿轮的规定画法

（2）圆柱齿轮啮合的规定画法 两齿轮啮合时，除啮合区外，其余部分均按单个齿轮绘制，啮合区按如下规定绘制，如图 7-66 所示。

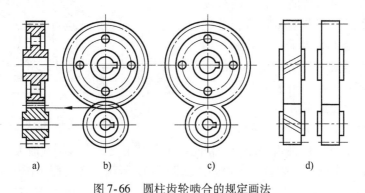

图 7-66 圆柱齿轮啮合的规定画法

1）两个相互啮合的圆柱齿轮，在投影为圆的视图中，两节圆相切，用细单点画线绘制；齿顶圆均用粗实线绘制，如图 7-66b 所示；啮合区内也可省略，如图 7-66c 所示；齿根圆用细实线绘制，也可省略。

2）在投影为非圆的视图中，啮合区内的齿顶线不需画出，节线用粗实线绘制，如图 7-66d 所示。若采用剖视且剖切平面通过两齿轮的轴线时，在啮合区两齿轮的节线重合为一条线，用细单点画线绘制；一个齿轮的齿顶线用粗实线绘制，另一个齿轮的齿顶线用细虚线绘制（也可省略），如图 7-66a 所示。需要注意的是：在啮合

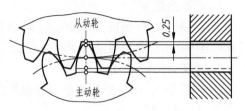

图 7-67　齿轮啮合区的间隙

区中，一个齿轮的齿顶线与另一齿轮的齿根线之间应有 0.25mm 的间隙，如图 7-67 所示。

2. 锥齿轮的规定画法

（1）单个锥齿轮的规定画法

1）在投影为非圆的视图中，常采用剖视，轮齿按不剖处理，齿顶线和齿根线用粗实线绘制，分度线用细单点画线绘制。

2）在投影为圆的视图中，大端分度圆用细单点画线绘制，大小两端齿顶圆用粗实线绘制，大小端齿根圆及小端分度圆不必画出，如图 7-68 所示。

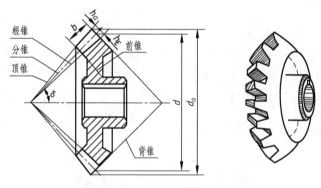

图 7-68　单个锥齿轮的规定画法

（2）锥齿轮啮合的规定画法　一对正确安装的标准锥齿轮啮合时，它们的分度圆应相切（分度圆锥与节圆锥重合，分度圆与节圆重合）。锥齿轮啮合的规定画法如图 7-69 所示。齿轮轮齿部分和啮合区的画法与直齿圆柱齿轮的啮合画法相同。

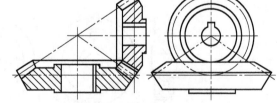

图 7-69　锥齿轮啮合的规定画法

3. 蜗杆蜗轮的规定画法

（1）蜗杆的规定画法　蜗杆的规定画法如图 7-70 所示。它与圆柱齿轮的画法相同，齿形可用局部剖视图或放大图来表示。

（2）蜗轮的规定画法　蜗轮的规定画法如图 7-71 所示。在投影为圆的视图上，只画顶圆和分度圆，喉圆、齿根圆不画；投影为非圆的视图上，轮齿的画法与圆柱齿轮相同。

（3）蜗杆、蜗轮啮合的规定画法　图 7-72 为蜗杆、蜗轮的啮合图，在蜗轮投影为圆的视图上，蜗杆和蜗轮各按规定画法绘制，蜗轮节圆与蜗杆节线相切；在蜗杆投影为圆的视图上，蜗轮与蜗杆重合部分只画蜗杆。

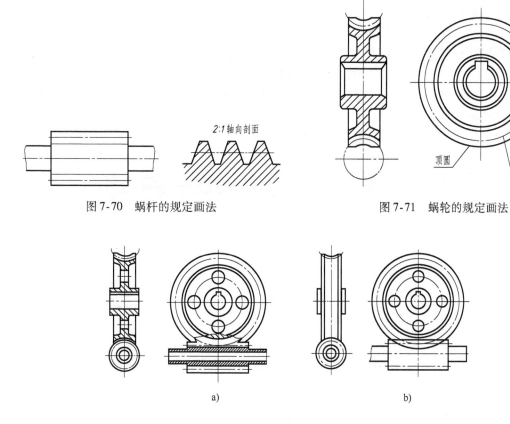

图 7-70　蜗杆的规定画法　　　　　图 7-71　蜗轮的规定画法

a)　　　　　　　　　　　　　　　b)

图 7-72　蜗杆、蜗轮啮合的规定画法
a）剖视画法　b）投影画法

7.6.6　弹簧的规定画法

　　圆柱螺旋弹簧可画成视图、剖视图或示意图，如图 7-73 所示。GB/T 4459.4—2003 对弹簧的画法做了如下规定。

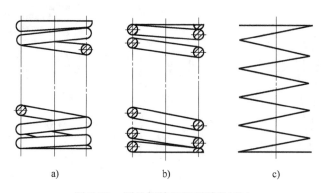

a)　　　　　　　　b)　　　　　　　　c)

图 7-73　圆柱螺旋压缩弹簧的画法
a）视图　b）剖视图　c）示意图

1）圆柱螺旋压缩弹簧在平行于轴线的投影面上的视图中，各圈的轮廓形状应画成直线。

2）有效圈数在 4 圈以上的圆柱螺旋压缩弹簧，允许每端只画 1～2 圈（不包括支承圈），中间部分可省略不画。省略后，允许适当缩短图形的长度。

3）圆柱螺旋弹簧如要求两端并紧且磨平时，无论支承圈的圈数多少和末端贴紧情况如何，均按图 7-73 所示绘制，必要时也可按支承圈的实际情况绘制。

4）圆柱螺旋压缩弹簧不论左旋还是右旋均可画成右旋，对于需规定旋向的圆柱螺旋压缩弹簧，不论画成左旋还是右旋，一律要注出旋向"LH"字或"RH"字。

圆柱螺旋压缩弹簧的画法步骤如图 7-74 所示。

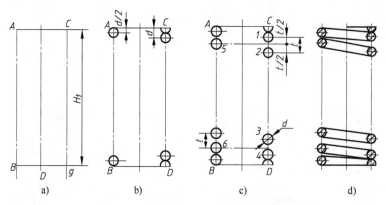

图 7-74　圆柱螺旋压缩弹簧的画法步骤

图 7-75 所示为圆柱螺旋压缩弹簧的零件图。图样中除视图和应注的尺寸外，还用图解法表明了弹簧的负荷与高度之间的关系，其中，P_1 表示弹簧的预加载荷，P_2 表示弹簧的最大载荷，P_j 表示弹簧的允许极限载荷。

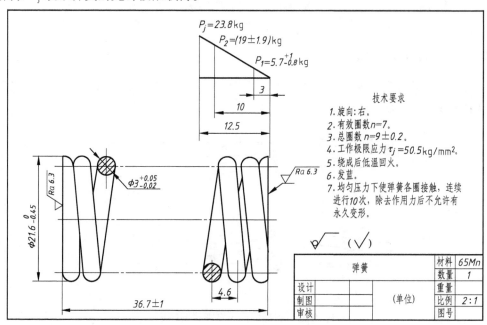

图 7-75　螺旋压缩弹簧的零件图

7.7 焊接工程图的表达方式

焊接是将零件的连接处加热融化，或者加热加压熔化（用或不用填充材料），使连接处熔合为一体的制造工艺，焊接属于不可拆连接。

焊接图样是焊接加工时要求的一种图样。焊接图应将焊接件的结构和焊接有关的技术参数表示清楚。国家标准中规定了焊缝的种类、画法、符号、尺寸标注方法及焊缝标注方法。

1. 焊缝画法

在技术图样中一般采用 GB/T 324—2008 规定的焊缝符号法表示焊缝。需要在图样上简易的绘制焊缝时，可以用视图、剖视图、断面图表示，也可以用轴测图示意表示。图样中的可见焊缝可以用圆弧、直线表示，也允许采用粗线（标准粗实线宽度的 2 倍）表示焊缝。

2. 焊缝的标注

1）焊缝的结构形式。用焊缝代号来表示焊缝的结构形式，焊缝代号主要由基本符号、辅助符号、补充符号、指引线和焊缝尺寸等组成。它用来说明焊缝横截面的形状、尺寸，线宽为标注字符高度的 1/10，如字高为 3.5mm，则符号线宽为 0.35mm。辅助符号如表 7-11 所列，它是表示焊缝表面形状的符号，如凸起或凹下等。

表 7-11　焊缝的辅助符号

名　称	示　意　图	符　号	说　明
平面符号		──	焊缝表面平齐 （一般通过加工）
凹面符号		⌣	焊缝表面凹陷
凸面符号		⌒	焊缝表面凸起

补充符号见表 7-12，它是用来表示焊缝的范围等特征的符号。

表 7-12　焊缝补充符号

名　称	示　意　图	符　号	说　明
带垫板符号		▭	表明焊缝底部有垫板
三面焊缝符号		⊐	表示三面带有焊缝

（续）

名　称	示　意　图	符　号	说　明
周围焊缝符号		○	表示四周有焊缝
现场焊接符号		▶	表示在现场进行焊接

2）指引线。采用细实线绘制，一般为带箭头的指引线（称为箭头线）和两条基准线（其中一条为实线，另一条为虚线，基准线一般与图纸标题栏的长边平行），必要时可以加上尾部（90°夹角的两条细实线），如图 7-76 所示。

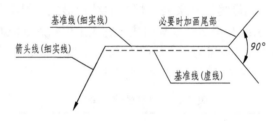

图 7-76　焊缝的指引线

表 7-13 所列为焊缝标注及说明。

表 7-13　焊缝标注示例及说明

标注示例	说　明
70° 6 V 111	V 形焊接，坡口角度 70°，焊缝有效高度 6mm
4	角焊缝，焊角高度 4mm，在现场沿工件周围焊接
5 12×80(10)	断续双面角焊接，焊角高度 5mm，共 12 个焊缝，间距 10mm

3）标注。标注时，箭头线对于焊缝的位置一般没有特殊的要求。当箭头线直接指向焊缝时，可以指向焊缝的正面或反面。但当标注单边 V 形焊缝、带钝边的单边 V 形焊缝、带钝边的单边 J 形焊缝时，箭头线应当指向有坡口一侧的工件，如图 7-77 所示。

4）基准线的虚线也可以画在基准线实线的上方，如图 7-77c 所示 V 形焊缝在视图中不可见的一侧，标在上下都一样，一定是符号中有虚线的一侧。

5）当箭头线指向焊缝时，基本符号应标注在实线侧。当箭头线指向焊缝的另一侧时，基本符号应标注在基准线的虚线侧，如图 7-78 中角焊缝的基本符号的标注位置。

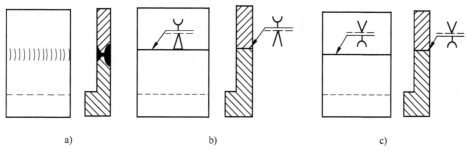

a)　　　　　　　　　　b)　　　　　　　　　　c)

图 7-77　基本符号相对基准线的位置（U、V 形组合焊缝）

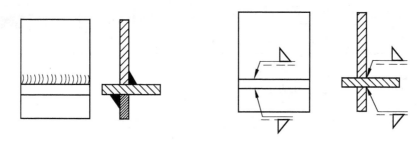

图 7-78　基本符号相对基准线的位置（双角焊缝）

6）标注对称焊缝和双面焊缝时，基准线中的虚线可省略，如图 7-79 和图 7-80 所示。

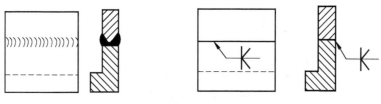

图 7-79　双面焊缝（单边 V 形焊缝）

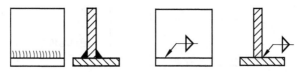

图 7-80　对称焊缝（角焊缝）标注

7）在不引起误解的情况下，当箭头线指向焊缝，而另一侧又无焊缝要求时，允许省略基准线的虚线。

8）焊缝尺寸符号。焊缝的尺寸符号及数据的标注位置如图 7-81 所示，对应的符号含义见表 7-14。

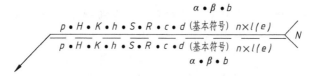

图 7-81　焊缝的尺寸符号及数据的标注位置

表7-14　焊缝尺寸符号

符号	名　称	示　意　图	符号	名　称	示　意　图
δ	工件厚度		e	焊缝间距	
α	坡口角度		K	焊角尺寸	
b	根部间隙		d	熔核直径	
p	钝边尺寸		S	焊缝有效厚度	
C	焊缝宽度		N	相同焊缝数量符号	
R	根部半径		H	坡口深度	
l	焊缝长度		h	余高	
n	焊缝段数		β	坡口面角度	

标注原则说明如下：

1）焊缝横截面上的尺寸标在基本符号的左侧。

2）焊缝长度方向标在基本符号的右侧。

3）坡口角度、坡口面角度和根部间隙等尺寸在基本符号的上侧或下侧。

4）相同焊缝数量符号标在尾部。

5）当需要标注尺寸数据较多又不易分辨时，可在数据前面加上相应的尺寸符号。

6）确定焊缝位置的尺寸不在焊缝符号中给出，而是将其标注在图样上。

7）在基本符号的右侧无任何标注且又无其他说明时，表示对接焊缝要完全焊透。

8）在基本符号左侧无任何标注且无其他说明时，表明对接焊缝要完全焊透。

7.8 读零件图

在设计和制造机器时，经常需要读零件图。读零件图的目的，就是要求根据零件图，想象出零件的结构形状，了解零件的尺寸和技术要求等内容。设计时阅读零件图，应当和装配图对照，审查零件结构的合理性、尺寸标注的合理性和技术要求的准确性；制造时阅读零件图，是为了制定工艺程序，拟定合理的加工制造方法，以保证图样中提出的各项加工质量要求，使其成为合格的产品。

1. 读零件图的方法和步骤

1）看标题栏。从标题栏了解零件的名称、材料和比例。

2）分析视图，想象形状。看懂零件内外形状和结构，是读零件图的重点。看视图时，应从主视图入手，结合其他视图，运用形体分析法和线面分析法，综合视图表达中所选用的各种剖视、断面，想象零件的内腔及外部形状；阅读零件图是在组合体读图基础上的提高与进步，要结合零件构形的功能要求及零件的工艺结构，弄清该零件的总体形状和局部结构。

3）分析尺寸和技术要求。结合图样表达零件的形状，分三个方向了解图样中标注的尺寸。按定形、定位和总体三种尺寸找清弄懂，要确定图样中标注尺寸所选用的基准，首先要找到设计基准。还要看尺寸标注是否齐全、合理，是否符合标准。这一过程也是对零件形体组成的进一步认定和深化的过程。图样中用文字标明的技术要求要明了。对表面粗糙度、尺寸公差、几何公差要给以足够的注意，能分清这些表面为什么有这些要求。

4）综合读图。最后要把看零件图所得零件的结构形状、尺寸、技术要求的印象加以综合，把握住零件的结构特点和工艺要求。有时为了看懂比较复杂的零件图，还需要参阅有关的技术资料，包括文字资料和图纸资料。图纸资料是指该零件所在部件的装配图及与其相关的零件图。

2. 阅读零件图举例

图 7-82 所示为一缸体零件图。从功能要求分析这类零件的构形，一般是由带支承孔结构的箱壳为基体（工作部分），附有安装板（安装部分）及连接板、凸缘和加强肋板等结构（连接部分）组合而成的。其结构形状较为复杂，是加工面较多的铸件。

1）看标题栏。零件名称叫缸体，属于箱体类零件。材料代号是 HT200，是灰铸铁的一个牌号。整个缸体先铸造成形，然后部分面需进行切削加工。画图比例为 1:2，即采用缩小的比例，可知实物为图形 2 倍大小。

2）分析视图，想象形状。缸体采用了三个基本视图来表达，主视图采用全剖视图，表达缸体内腔结构形状，$\phi40mm$ 的凹腔是空刀部分，$\phi8mm$ 的圆柱凸台起到限定活塞工作位置的作用，上部左、右有两个连接油管的螺孔。俯视图表达了底板形状和四个沉头孔、两个圆锥销孔的分布情况，以及两个 U 形凸台的形状。左视图采用 A—A 的半剖视图，剖视部分进一步表达了圆柱形缸体与底板连接情况；视图部分反映缸体外形和缸盖连接的螺孔分布位置，并用局部剖视图表达底板上的柱形沉孔的大小和深度。

经对照投影进行形体分析，想象出缸体零件的形状如图 7-83 所示。

3）分析尺寸和技术要求。缸体应有长、宽、高三个方向的尺寸基准，如图 7-82 所示。缸体长度方向的尺寸基准是左端面，从基准出发标注定位尺寸 80mm、15mm，定形尺寸

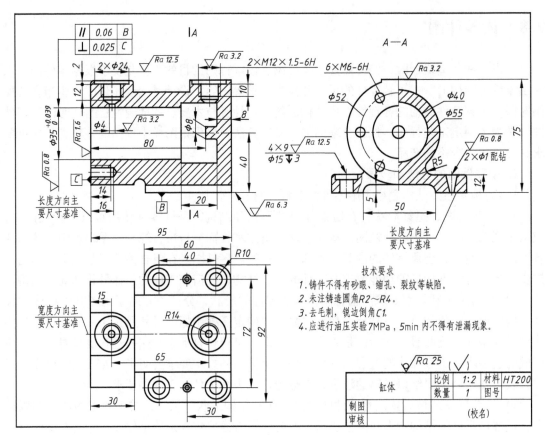

图 7-82　缸体零件图

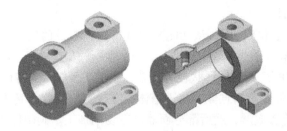

图 7-83　缸体零件立体图

95mm、30mm 等，并以辅助基准标注了缸体底板上的定位尺寸 30mm、40mm、65mm，定形尺寸 60mm、R10mm。宽度方向尺寸基准是缸体前后对称面的中心线，注出底板上的定位尺寸 72mm 和定形尺寸 92mm、50mm 等。高度方向的尺寸基准是缸体底面，注出定位尺寸 40mm，定形尺寸 5mm、12mm、75mm。以轴线为辅助基准，注出径向尺寸 $\phi 55$mm、$\phi 52$mm、$\phi 40$mm 等。

　　缸体的表面粗糙度要求最高的是与活塞有相对运动的 $\phi 35$mm 内圆柱面，以及用于定位的锥孔面，它们的表面粗糙度值 Ra 均为 0.8μm；安装缸盖的左端面，为起密封作用平面，表面粗糙度值 Ra 均为 1.6μm；还有多数加工面的 Ra 均为 3.2μm、6.3μm 等；没有标注表面粗糙度的表面均为不加工的铸造表面，这些表面的质量要求不高，由图 7-82 中标题栏附近给出的符号统一确定，均为不去除材料获得的表面粗糙度值 Ra 均为 2.5μm。

图 7-82 中有两处几何公差要求，即：φ35mm 的轴线对 B 基准的平行度公差不大于 0.06mm；φ35mm 的轴线对 C 基准的垂直度公差不大于 0.025mm。

4）综合读图。把上述各项内容综合起来，箱体类零件多为外形简单、内形复杂的箱体，其表面过渡线较多。此类零件箱壁上有各种位置的孔，并多有带安装孔的底板，上面带有凹坑或凸台结构；支承孔处常设有加厚凸台或加强筋。表达时一般需要三个或三个以上的视图，并要采用比较复杂的剖切面形成各种剖视图来表达复杂的内部结构。箱体零件上常常会出现一些截交线和相贯线，由于是铸件毛坯，所以这些线在视图上应按过渡线的画法绘制。

箱体类零件在标注尺寸时，其长、宽、高三个方向的主要基准采用中心线、轴线、对称平面和较大的加工平面。因结构形状复杂，定位尺寸较多，各孔中心线（或轴线）间的距离一定要直接注出来；定形尺寸仍用形体分析法、结构分析法标注。

箱体类零件在技术要求方面，重要的孔、重要的表面，其表面粗糙度值较小；重要的孔、重要的表面一般有尺寸公差和几何公差要求。

本 章 小 结

零件图是加工和检验零件的依据，因此，在视图选择、尺寸标注、技术要求等方面都比组合体视图有更进一步的要求。

本章主要内容如下：

1. 零件图的内容

零件图的内容包括：一组图形、一组尺寸、技术要求和标题栏。

2. 视图选择

零件图的视图表达要做到完整、清晰、合理和看图方便。主视图是核心，是确定表达方案的关键。

（1）主视图选择　主视图的选择必须遵守三个原则，即形状特性原则、工作位置原则和加工位置原则。一般回转体零件在确定主视图投射方向时主要依据加工位置原则，并将回转轴线水平放置于主视图中；非回转体零件在确定主视图投射方向时主要依据工作位置原则，并同时考虑形状特征原则。与组合体一样，零件的主视图应较明显地反映零件的主要结构形状和各组成部分的相对位置。

（2）其他视图选择　不论组合体或零件，视图数目和表达方法的选择是否恰当，对看图方便和能否表达清楚都有很大的影响。因此，在保证充分表达零件结构形状的条件下，视图的数量应尽量减少。

3. 尺寸标注

零件图的尺寸标注，除了组合体尺寸注法中已提到的要求外，更重要的是要切合生产实际。必须正确地选择尺寸基准，基准的选择要满足设计和工艺要求。基准一般选择接触面、对称平面、轴线、中心线等。零件图上，设计所要求的重要尺寸必须直接注出，其他尺寸可按加工顺序、测量方便或形体分析进行标注；零件间配合部分的尺寸数值必须相同。此外还要注意不要注成封闭尺寸链。

4. 技术要求

图样上的图形和尺寸尚不能完全反映对零件各方面的要求，因此还需有技术要求。技术要求主要包括表面粗糙度、尺寸公差、几何公差、零件热处理和表面修饰的说明，以及零件加工、检验和试验等各项要求。

5. 看零件图的方法和步骤

1）看标题栏：了解名称、材料和比例等概况。

2）看各视图：分析结构想象形状。

3）看尺寸标注：找到基准，明确位置和大小。

4）看技术要求：全面掌握质量指标。

总之，在识读零件图时应进行形体分析，这对准确无误、快速看懂零件图是重要的。

第8章

装配体设计

【教学要点】

1）了解装配的概念和术语。
2）掌握装配中的约束方法。
3）掌握自底向上的装配方式。
4）掌握在 NX 软件中组件阵列的操作。
5）掌握对装配件的替换、移出和工作部件与显示部件的设置。
6）掌握装配爆炸图的新建、设置与编辑。

8.1 装配概述

装配体是由若干零件装配在一起，具有独立功能（如能量的传递、质量的传递等）的机器或部件。零件只是装配体中的最小单元，它在部件中有其独特的作用，但一个个零件并不能单独完成某项功能。

装配设计的过程就是把零件组装成部件或产品模型，通过配对条件在各部件之间建立约束关系、确定位置关系、建立各部件之间链接关系的过程。本节将详细介绍有关装配设计的一些基本知识。

8.1.1 进入装配环境

装配设计是在装配模块里完成的，如果准备进行装配设计首先需要进入装配环境，在菜单栏中选择【文件】→【新建】菜单项，在打开的【新建】对话框中选择【装配】模板，单击【确定】按钮。

系统弹出【添加组件】对话框，单击【打开】按钮，打开装配零件后即可进入装配环境。

8.1.2 基本概念和术语

在 NX 软件中，装配建模不仅能够将零部件快速组合，而且在装配中，可以参考其他部件进行部件的关联设计，并可以对装配模型进行间隙分析、重量管理等操作。在装配模型生成后，可建立爆炸图，并可以将其引入到装配工程图中去。同时，在装配工程图中可自动生成装配明细栏，并能够对轴测图进行局部的剖切。

在装配中建立部件间的链接关系，就是通过配对条件在部件间建立约束关系，来确定部件在产品中的位置。在装配中，部件的几何体被装配引用，而不是复制到装配图中，不管如何对部件进行编辑以及在何处编辑，整个装配部件间都保持着关联性。如果某部件被修改，则引用它的装配部件将会自动更新，实时地反映部件的最新变化。下面将详细介绍装配设计中常用的术语。

1. 装配

装配是指在装配过程中，建立部件之间的链接功能，由装配部件和子装配组成。

2. 装配部件

装配部件是由零件和子装配构成的部件，在 NX 软件系统中，可以向任何一个部件文件中添加部件来构成装配。所以说其中任何一个部件文件都可以作为一个装配的部件，也就是说零件和部件在这个意义上说是相同的。

3. 子装配

子装配是在高一级装配中被用作组件的装配，子装配也拥有自己的组件。子装配是一个相对概念，任何一个装配均可在更高级的装配中作为子装配。

4. 组件对象

组件对象是从装配部件链接到部件主模型的指针实体，一个组件对象记录的信息包括部件的名称、层、颜色、线型、线宽、引用集和配对条件。在装配中每一个组件对应一个特定的几何特征。

5. 组件部件

组件部件也就是装配里组件对象所指的部件文件。组件部件可以是单个部件（即零件），也可以是子装配。需要注意的是，组件部件是装配体引用，而不是复制到装配体中的。

6. 单个零件

单个零件是指在装配外存在的零件几何模型，它可以添加到一个装配中去，但它本身不能含有下级组件。

7. 主模型

主模型是供 NX 软件各功能模块共同引用的部件模型。同一主模型可以被装配、工程图、数控加工和 CAE 分析等多个模块引用。当主模型改变时，其他模块（如装配、工程图、数控加工和 CAE 分析等）会随之产生相应的改变。

8. 自顶向下装配

自顶向下装配是在装配级中创建与其他部件相关的部件模型，在装配部件的顶级向下生成子装配和部件（即零件）的装配方法。

9. 自底向上装配

自底向上装配是首先创建部件几何模型，再组合成子装配，最后生成装配部件的装配方法。

10. 混合装配

混合装配是将自顶向下装配和自底向上装配结合在一起的装配方法。例如，首先创建几个主要部件模型，再将其装配到一起，然后再装配设计其他部件，即为混合装配。

8.2 装配约束

为了在装配件中实现对组件的参数化定位，确定组件在装配部件中的相对位置，在装配过程中，通常采用装配约束的定位方式来指定组件之间的定位关系。本节将详细介绍装配约束的相关知识及操作方法。

装配约束用来限制装配组件的自由度，包括线性自由度和旋转自由度。根据配对约束限制自由度的多少可以分为完全约束和欠约束两类。在 NX 软件中，装配约束是通过【装配约束】对话框中的操作来实现的。下面将详细介绍该对话框。

在菜单栏中选择【装配】→【组件位置】→【装配约束】菜单项，系统即可弹出【装配约束】对话框。

【装配约束】对话框中主要包括三个区域：【类型】区域、【要约束的几何体】区域和【设置】区域，如图 8-1 所示。下面将介绍【装配约束】对话框中【类型】下拉列表框中的各约束类型选项，如图 8-2 所示。

图 8-1　【装配约束】对话框

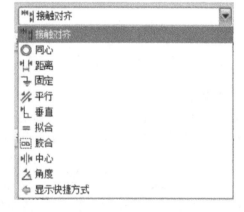

图 8-2　约束类型

1.【接触对齐】

该约束用于两个组件，使其彼此接触或对齐，当选择该选项后，【要约束的几何体】区域的【方位】下拉列表框中会出现 4 个选项。

1)【首选接触】：若选择该选项，则当接触和对齐约束都可能时显示接触约束（在大多数模型中，接触约束比对齐约束更常用）；当接触约束过渡约束装配时，将显示对齐约束。

2)【接触】：若选择该选项，则约束对象的曲面法向在相反方向上，如图 8-3 所示。

3)【对齐】：若选择该选项，则约束对象的曲面法向在相同方向上，如图 8-4 所示。

4)【自动判断中心/轴】：该选项主要用于定义两圆柱面、两圆锥面或圆柱面与圆锥面

图 8-3 接触约束

图 8-4 对齐约束

同轴约束。

2.【同心】

该约束用于定义两个组件的圆形边界或椭圆边界的中心重合，并使边界的面共面，如图 8-5 所示。

图 8-5 同心约束

3.【距离】

该约束用于设定两个接触对象间的最小 3D 距离。选择该选项，并选定接触对象后，【距离】区域的【距离】文本框被激活，可以直接输入数值，如图 8-6 所示。

图 8-6 距离约束

4.【固定】

该约束用于将组件固定在其当前位置，一般用在第一个装配元件上。

5.【平行】

该约束用于使两个目标对象的矢量方向平行，如图 8-7 所示。

6.【垂直】

该约束用于使两个目标对象的矢量方向垂直，如图 8-8 所示。

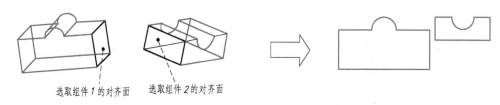

图 8-7　平行约束

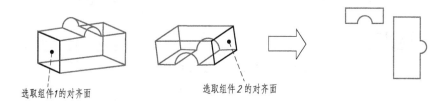

图 8-8　垂直约束

7.【拟合】

该约束用于定义将半径相等的两个圆柱面拟合在一起。此约束对确定孔中销或螺栓的位置很有用。如果以后半径变为不等，则该约束无效。

8.【胶合】

该约束用于将组件"焊接"在一起。

9.【中心】

该约束用于使一对对象之间的一个或两个对象居中，或使一对对象沿另一个对象居中，如图 8-9 所示。当选择该选项时，【要约束的几何体】区域的【子类型】下拉列表框中会出现 3 个选项。

1)【1 对 2】：该选项用于定义在后两个所选对象之间使第一个所选对象居中。

2)【2 对 1】：该选项用于定义将两个所选对象沿第三个所选对象居中。

3)【2 对 2】：该选项用于定义将两个所选对象在两个其他所选对象之间居中。

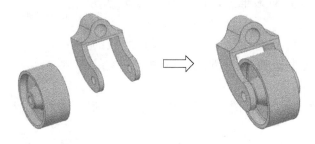

图 8-9　中心约束

10.【角度】

该约束用于约束两个对象之间的旋转角。旋转角度约束后，【要约束的几何体】区域的【子类型】下拉列表框中会出现两个选项。

1)【3D 角】：该选项用于约束需要"源"几何体和"目标"几何体。不指定旋转轴，可以任意选择满足指定几何体之间角度的位置。

2)【方向角度】：该选项用于约束需要"源"几何体和"目标"几何体，还特别需要一个定义旋转轴的预先约束，否则创建定位角约束失败。因此，希望尽可能创建 3D 角度约束，而不创建方向角度约束，如图 8-10 所示。

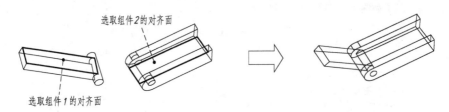

选取组件2的对齐面

选取组件1的对齐面

图 8-10　角度约束

8.3　自底向上装配建模

部件的装配一般有两种基本方式：自底向上装配和自顶向下装配。如果首先设计好全部部件，然后将部件作为组件添加到装配体中，称为自底向上装配；如果首先设计好装配体模型，然后在装配体中创建组件模型，最后生成部件模型，则称为自顶向下装配。

NX 软件提供了自底向上和自顶向下装配功能，并且两种方法可以混合使用。自底向上装配是一种常用的装配模式，本书将主要介绍自底向上装配的相关知识。

8.3.1　添加组件

1）首先新建文件，单击【新建】按钮，在系统弹出的【新建】对话框中选择【装配】模板，单击【确定】按钮后系统会弹出【添加组件】对话框，如图 8-11 所示。

2）在【添加组件】对话框中，打开所需选择的零件；单击【OK】按钮。

3）返回【添加组件】对话框，在【放置】区域的【定位】下拉列表框中选取定位方式，单击【应用】按钮。

下面将详细介绍【添加组件】对话框中主要选项的功能。

（1）【部件】区域　用于从硬盘中选取部件或选取已经加载的部件。

1）【已加载的部件】：此列表框中的部件是已经加载到此软件中的部件。

2）【最近访问的部件】：此文本框中的部件是在装配模式下最近打开过的部件。

图 8-11　【添加组件】对话框

3）【打开】：单击【打开】按钮，可以从硬盘中选取要装配的部件。

4）【重复】：是指把同一部件多次装配到装配体中。

5）【数量】：在此文本框中输入重复装配部件的个数。

（2）【放置】区域　该区域包含一个【定位】下拉列表框，通过此下拉列表框可以指定部件在装配体中的位置。

1）【绝对原点】：是指在绝对坐标系下对载入部件进行定位，如果需要添加约束，可以在添加组件完成后设定。

2）【选择原点】：是指在坐标系中给出一定点位置对部件进行定位。

3）【通过约束】：是指把添加组件和添加约束放在一个命令中进行，选择该选项并单击【确定】按钮后，系统会弹出【装配约束】对话框，完成装配约束的定义。

4）【移动】：是指重新指定载入部件的位置。

5）【复制】：可以将选取的部件在装配体中创建重复和组件阵列。

（3）【设置】区域　此区域用于设置部件的名称、引用集和图层选项。

1）【名称】文本框：在文本框中可以更改部件的名称。

2）【图层选项】下拉列表框：该下拉列表框中包含【原始的】、【工作的】和【按指定的】三个选项。【原始的】是指将新部件放到设计时所在的层；【工作的】是指将部件放到当前工作层；【按指定的】是指将载入部件放入指定的层中，选择【按指定的】选项后，其下方的【图层】文本框会被激活，可以输入层名。

（4）【预览】复选框　选中此复选框，单击【应用】按钮后，系统会弹出选中部件的预览对话框。

添加约束的时候需要注意以下两个方面。

1）约束不是随意添加的，各种约束之间有一定的制约关系，如果后加的约束与先加的约束产生矛盾，那么将不能添加成功。

2）有时约束之间并不矛盾，但由于添加顺序不同可能导致不同的解或者无解。

8.3.2　引用集

在装配中，各部件含有草图、基准平面及其他辅助图形对象，如果在装配中列出显示所有对象不但容易混淆图形，而且还会占用大量的内存，不利于装配工作的进行。通过引用集命令能够限制加载装配图中装配部件不必要的信息量。

引用集是用户在零部件中定义的部分几何对象，它代表相应的零部件参与装配。引用集可以包含下列数据对象：零部件名称、原点、方向、几何体、坐标系、基准轴、基准平面和属性等。创建完引用集后，就可以单独装配到部件中。一个零部件可以有多个引用集。

在菜单栏中选择【格式】→【引用集】菜单项，系统即可弹出【引用集】对话框。

8.4　组件阵列

与零件模型中的特征阵列一样，在装配体中也可以对组件进行阵列。组件阵列的类型包括从实例特征阵列、线性阵列和圆形阵列。本节将详细介绍组件阵列的相关知识及操作方法。

8.4.1　组件的从实例特征阵列

组件的从实例特征阵列是以装配体中某一零件中的特征阵列为参照进行部件的阵列。在创建从实例特征阵列之前,应提前在装配体的某个零件中创建某一特征的阵列,该特征阵列将作为部件阵列的参照。下面将详细介绍部件的从实例特征阵列的方法,通过孔特征阵列相应的螺栓组件。

1)在菜单栏中选择【装配】→【组件】→【创建组件阵列】。

2)系统弹出【类选择】对话框,在图形区中选择"螺钉"为阵列对象,单击【确定】按钮,如图8-12所示。

3)系统会弹出【创建组件阵列】对话框,在【阵列定义】区域中选择【从阵列特征】单选按钮,单击【确定】按钮。

4)通过以上步骤即可完成部件的从实例特征阵列的操作,结果如图8-13所示。

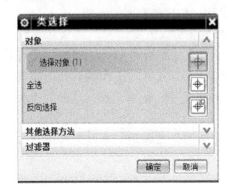

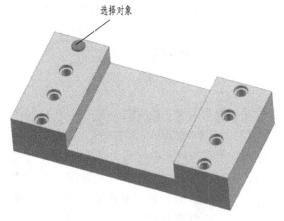

图8-12　【类选择】对话框

图8-13　从实例特征阵列结果

8.4.2　组件的线性阵列

线性阵列是使用装配中的约束尺寸创建阵列,所以只有使用像"接触""对齐"和"偏差"这样的约束类型才能创建部件的线性阵列。下面将详细介绍组件线性阵列的操作方法。

1)在菜单栏中选择【装配】→【组件】→【创建组件阵列】。

2)系统弹出【类选择】对话框,在图形区中选择"零件1"为阵列对象,单击【确定】按钮，如图 8-14 所示。

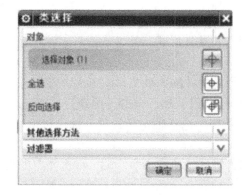

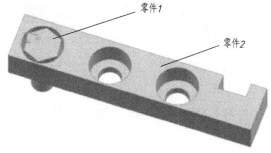

图 8-14　选择阵列对象

3）系统会弹出【创建组件阵列】对话框，在【阵列定义】区域中选择【线性】单选按钮，单击【确定】按钮。

4）系统会弹出【创建线性阵列】对话框，在【方向定义】区域中选择【边】单选按钮，在绘图区中选择部件 2 的边线。

5）系统会自动激活【创建线性阵列】对话框中的【总数-XC】文本框和【偏置-XC】文本框，用户可以分别在相应文本框中输入参数值，单击【确定】按钮。

6）通过以上步骤即可完成组件的线性阵列，阵列结果如图 8-15 所示。

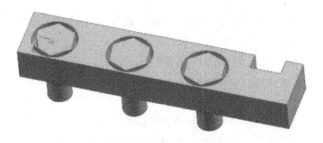

图 8-15　线性阵列结果

8.4.3　组件的圆形阵列

组件的圆形阵列是使用装配中的中心对齐约束创建阵列，所以只有使用像"中心"这样的约束类型才能创建组件的圆形阵列。

圆形阵列的基本操作步骤如下：

1）选择【装配】→【组件】→【创建组件阵列】。

2）选择组件并单击【确定】按钮。进行线性或圆形组件阵列时，主组件不必添加装配约束到另一个组件。

3）在创建组件阵列对话框的组件阵列名文本框中，输入阵列名称。

4）在阵列定义下，选择【圆形】，然后单击【确定】按钮。

5）在创建圆形阵列对话框中，选择轴定义选项，选项包括【圆柱面】、【边】和【基准轴】。

6）选择几何体以指定组件阵列旋转参考中心轴。根据指定的总数和角度，绕中心轴生成圆形阵列。

7）在总数框中，指定总的组件数。在角度框中，指定阵列旋转的角度。

8）单击【确定】按钮，完成圆形阵列。

8.5　装配件的编辑

组件添加到装配以后，可对其进行移除、替换和移动等操作。本节将详细介绍编辑装配件的相关知识及操作方法。

8.5.1　替换组件

替换组件是指用一个组件替换已经添加到装配中的另一个组件。在【装配】工具条中单击【替换组件】按钮，或者在菜单栏中选择【装配】→【组件】→【替换组件】菜单项，系统即可弹出【替换组件】对话框。

打开【替换组件】对话框后，选择一个或多个要替换的组件，然后选择要替换的部件，单击【确定】按钮，即可完成替换组件。

下面将详细介绍【替换组件】对话框中的选项。

1.【要替换的组件】

选择一个或多个要替换的组件。

2.【替换件】

【选择部件】：在图形窗口、已加载列表或未加载列表中选择替换组件。

【已加载的部件】：在列表中显示所有加载的组件。

【未加载的部件】：显示候选替换部件列表的组件。

【浏览】按钮：浏览包含部件的目录。

3.【设置】

【维持关系】：指定在替换组件后是否尝试维持关系。

【替换装配中的所有事例】：在替换组件时是否替换所有事例。

【组件属性】：允许指定替换部件的名称、引用集和图层属性。

8.5.2　移除组件

对于已经添加到装配结构中的组件可以打开【装配导航器】，选择需要移去的组件，单击鼠标右键，在系统弹出的快捷菜单中选择【删除】菜单项，即可移除组件。

8.5.3 工作部件与显示部件设置

工作部件与显示部件设置是进行上下文设计的首要步骤，它要求显示部件为装配体，工作部件为要编辑的组件。下面将分别介绍改变工作部件和改变显示部件的方法。

1. 改变工作部件

改变工作部件的方法有以下两种。

（1）通过菜单命令 在菜单栏中选择【装配】→【关联控制】→【设置工作部件】菜单项，系统即可弹出如图8-16所示的【设置工作部件】对话框，选择要设置为工作部件的部件文件。

（2）在导航器中操作 在【装配导航器】中选择要设置为工作部件的组件，单击鼠标右键，系统弹出快捷菜单，如图8-17所示，在快捷菜单中选择【设为工作部件】命令，即可完成改变工作部件的操作。

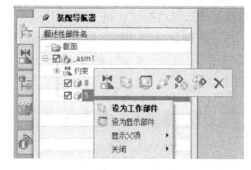

图8-16 【设置工作部件】对话框   图8-17 设为工作部件

2. 改变显示部件

改变显示部件的方法也有两种，和改变工作部件的方法类似。

（1）通过菜单命令 在菜单栏中选择【装配】→【关联控制】→【设置显示部件】菜单项，在该对话框中选择要设置显示部件的几何模型，然后单击【确定】按钮即可完成。

（2）在导航器中操作 此方法和改变工作部件的方法相同，这里就不再阐述了。

8.6 装配爆炸图

完成装配操作后，用户可以创建爆炸图来表达装配部件内部各组件之间的相互关系。爆炸图是在装配环境下把组成装配的组件拆分开来，以更好地表达整个装配的组成状况，便于观察每个组件的一种方法。本节将详细介绍爆炸图的相关知识及操作方法。

8.6.1 爆炸图概述

爆炸图同其他用户定义视图一样，各个装配组件或子装配已经从它们的装配位置移走。

用户可以在任何视图中显示爆炸图形，并对其进行各种操作。爆炸图有如下特点。

1）可对爆炸图组件进行编辑操作。

2）对爆炸图组件的操作会影响非爆炸图组件。

3）爆炸图可随时在任一视图显示或不显示。

在菜单栏中选择【装配】→【爆炸图】→【显示工具条】菜单项，或单击装配工具条中的【爆炸图】按钮，系统即可弹出【爆炸图】工具栏。

8.6.2　新建爆炸图

使用新建爆炸图命令可以创建新的爆炸图，组件将在其中以可见方式重定位，生成爆炸图。在【爆炸图】工具条中单击【新建爆炸图】按钮，或者在菜单栏中选择【装配】→【爆炸图】→【新建爆炸图】菜单项，系统即可弹出【新建爆炸图】对话框，如图8-18所示。

打开【新建爆炸图】对话框后，在文本框中输入新建爆炸图的名称，然后单击【确定】按钮即可完成创建新的爆炸图。

8.6.3　自动爆炸图

使用此命令可以定义爆炸图中一个或多个选定组件的位置。沿基于组件的装配约束的矢量，偏置每个选定的组件。在【爆炸图】工具条中单击【自动爆炸图】按钮，或者在菜单栏中选择【装配】→【爆炸图】→【自动爆炸图】菜单项，系统弹出【类选择】对话框，选择要爆炸的组件，然后单击【确定】按钮，系统即可弹出【自动爆炸组件】对话框，如图8-19所示。

图8-18　【新建爆炸图】对话框　　　　图8-19　【自动爆炸组件】对话框

在该对话框的【距离】文本框中输入偏置距离，单击【确定】按钮，将所选的对象按指定的偏置距离移动。如果选中【添加间隙】复选框，则在爆炸组件时，各个组件根据被选择的先后顺序移动，相邻两个组件在移动方向上以【距离】文本框输入的偏置距离隔开，如图8-20所示。

8.6.4　编辑爆炸图

编辑爆炸图命令用于重新定位爆炸图中选定的一个或多个组件。在【爆炸图】工具条中单击【编辑爆炸图】按钮，或者在菜单栏中选择【装配】→【爆炸图】→【编辑爆炸图】菜单项，系统即可弹出【编辑爆炸图】对话框。

打开【编辑爆炸图】对话框后，选择需要编辑的组件，然后选择【移动对象】，拖拽手柄即可移动组件。

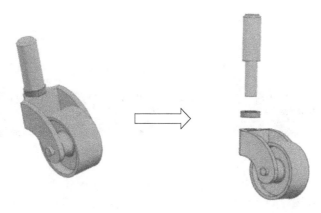

图 8-20　自动爆炸组件示例

本 章 小 结

装配设计是在各部件之间建立约束关系、确定位置关系、建立各部件之间连接关系的过程。在 NX 软件中选择合适的装配方式可以提高装配效率。

1）通过【装配约束】菜单项约束装配组件的自由度，包括线性自由度和旋转自由度。

2）NX 软件提供了两种部件的装配方式：自底向上装配和自顶向下装配。混合使用自底向上和自顶向下装配功能可以使装配的过程更加方便。

3）组件阵列的类型包括从实例特征阵列、线性阵列和圆形阵列。本节详细介绍了组件阵列的相关知识及操作方法。

4）对 NX 软件中的装配组件进行移除、替换和移动等操作，以实现对应的功能。

5）通过爆炸图来表达装配部件内部各组件之间的相互关系，展示各组件的位置关系和约束关系等。

第9章

装配工程图

【教学要点】

1）了解装配图的内容。

2）掌握装配体的规定画法、特殊画法以及简化画法。

3）掌握装配图的尺寸标注、零件编号和明细栏填写方法。

4）掌握装配图的画图步骤。

5）掌握判断装配结构合理性的能力。

6）掌握装配图的读图方法和拆画零件图的方法。

7）掌握 NX 软件绘制装配图的方法。

9.1 装配图的内容

装配图是用来表达机器或部件的图样。表示一台完整机器的图样，称为总装配图；表示一个部件的图样，称为部件装配图。

装配图主要是表达机器或部件的工作原理、装配关系、结构形状和技术要求，用以指导机器或部件的装配、检验、调试、操作或维修等。装配图是机械设计、制造、使用、维修以及进行技术交流的重要技术文件。因此，必须将所创建的三维装配体生成二维工程图，以满足生产的需要。

图 9-1 是球心阀装配轴测图，对应的球心阀装配图如图 9-2 所示。从图 9-2 中可以看出装配图应具有下列内容：

1）一组视图。以适当数量的图形正确、完整、清晰地表达机器或部件的工作原理、零件之间的装配关系、连接方式、传动路线以及各零件的主要结构形状。

2）必要的尺寸。在装配图中必须标注表示机器或部件的性能、规格和在装配、检验、安装时所需要的尺寸，以及表示零件间相对位置和配合要求的尺寸等。

3）技术要求。用文字或规定的符号按一定格式注写出机器或部件关于装配、检验和使用等方面的要求。

4）标题栏、零件序号和明细栏。标题栏的格式与零件图不同，填写机器或部件的名称、重量、比例和图号等。装配图

图 9-1 球心阀装配轴测图

中对各零件要进行编号，并把零件信息顺序填入明细栏内。

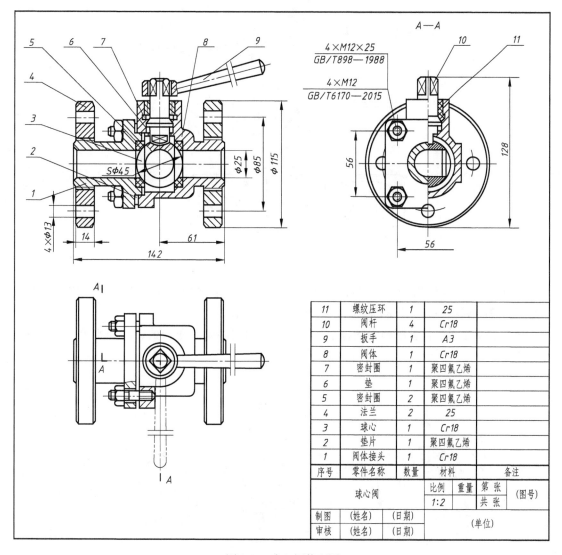

图 9-2　球心阀装配图

9.2　装配图的表达方式

装配图以表达工作原理、装配关系为主，力求做到表达正确、完整、清晰和简练。为了达到以上要求，需很好地掌握国家标准所规定的各种表达方法和视图方案的选择方法。

1. 装配图的规定画法

为了在装配图中易于区分零件，并便于清晰地表达零件间的装配关系，画装配图时应遵守以下规定：

1）两相邻零件的接触表面或有配合要求的表面只画一条粗实线；不接触表面和非配合表面之间，即使间隙很小，也必须画两条粗实线，如图 9-3 所示。

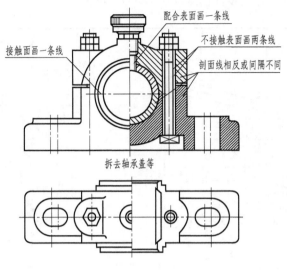

图 9-3　滑动轴承

2）两个金属零件相邻时，剖面线的倾斜方向应相反；若有三个以上零件相邻，还应通过使剖面线间隔不等来区分不同的零件，如图 9-3 所示。

同一零件在同一张装配图中的各个视图上，剖面线必须方向一致、间隔相等，如图 9-4 所示的泵体。

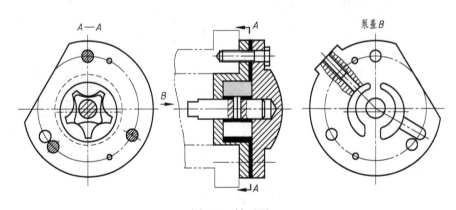

图 9-4　转子泵

当零件厚度在 2mm 以下，剖切时允许以涂黑来代替剖面符号，如图 9-4 所示的薄片零件。

3）对紧固件及实心零件如轴、手柄、连杆、拉杆、球、销和键等，当剖切平面通过其基本轴线或纵向对称面时，则这些零件均按不剖绘制，如图 9-3 所示的螺栓和螺母。若需表明该零件上的某些内部结构，如键槽、销孔等，可采用局部剖视，如图 9-4 中主视图所示的齿轮轴。若剖切面垂直于这些零件的轴线，则仍应画剖面线，如图 9-4 左侧视图所示的齿轮轴。

2. 装配图的特殊画法

（1）拆卸画法　为了表示被遮挡零件的装配关系，可以假想将某些零件拆卸之后再画出剩余部分的视图，需要说明时，可加注"拆去零件XX"。如图9-3所示的俯视图右侧拆去了轴承盖、上轴瓦、螺栓和螺母，则加注"拆去轴承盖等"。但要注意，不能为了减少画图工作量，随心所欲地拆卸而影响对装配体整体结构和功能的表达。

（2）沿零件结合面剖切画法　为了表示被遮挡零件的装配关系，还可假想沿某些零件的结合面剖切，此时，在零件的结合面上不画剖面线，但被切断的零件剖面上必须画出剖面线。如图9-4中的左侧视图（A—A剖视图），即是沿泵体和垫片的结合面剖切而得到的，被切断的螺钉、销和齿轮轴等剖面上应画出剖面线。

（3）单独画出某个零件　在装配图中为说明某零件的重要结构，可用向视图方式单独画出该零件的视图，但必须在所画视图上标注该零件的视图名称，在相应视图附近用箭头指明投射方向，并标注相同的字母。例如，图9-4中单独绘制了泵盖的B视图。

（4）假想画法　表示与本部件有装配关系但又不属于本部件的其他相邻零、部件时，可用细双点画线画出相邻零、部件的部分轮廓，以说明二者之间的联系。如图9-2所示的俯视图中，在下方用细双点画线画出了扳手的安装位置；又如图9-5中用细双点画线画出主轴箱，都是为了说明安装关系。

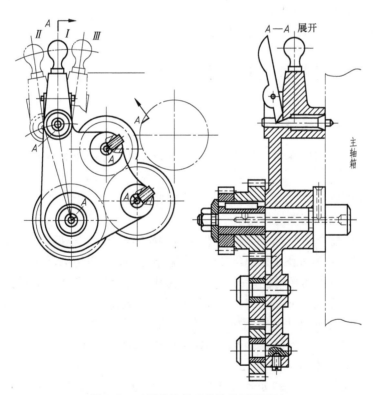

图9-5　三星齿轮传动机构的展开画法

部件上某个零件的运动范围或运动极限位置，也可用细双点画线来表示。图9-5中的三星齿轮扳手处于极限位置Ⅱ、Ⅲ时均用细双点画线来表示。

（5）展开画法　在装配图中，当多根轴的轴线相互平行而又不在同一平面内时，为表达各轴的装配关系及传动关系，可假想用一组剖切平面按各轴的传动顺序沿轴线剖切，然后依次展开在同一平面上画出其剖视图，这种画法称为展开画法。展开图上方必须标注

"X—X展开"。如图9-5所示为传动轴系的展开图。

（6）夸大画法　对薄片零件、细丝弹簧、微小间隔、较小的斜度和锥度等结构，在无法正常画出和清晰表达时，零件或间隙可不按比例而采用适度夸大画出。如图9-6所示的垫片厚度即做了夸大处理。

3. 装配图的简化画法

1）装配图中若干相同的零件组（如螺栓连接），可仅详细地画出一组或几组，其余只需用细单点画线表示其装配位置，如图9-6所示的螺钉组的处理用点画线表示中心位置。

2）装配图中零件的工艺结构，如圆角、倒角和退刀槽等细节可不画出，如图9-6所示螺栓头部、轴的简化画法。

3）装配图中的滚动轴承可只画出一半，另一半按规定简化画法画出，如图9-6所示轴承的简化画法。

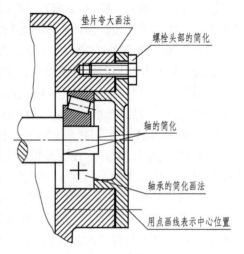

图 9-6　简化画法

9.3　装配图的尺寸标注及技术要求

9.3.1　装配图的尺寸标注

装配图与零件图的作用不同，对尺寸标注的要求也不同。在装配图中，通常只标注以下几类尺寸：

（1）规格（性能）尺寸　表示机器或部件规格（性能）的尺寸，在设计时就已经确定，是设计和选用机器或部件的依据。

（2）装配尺寸　配合尺寸：表示两个零件配合性质的尺寸，它是确定零件装配方法和制订装配工艺规程的依据。在装配图中，配合尺寸是将配合代号以分式的形式标注在配合部位处。

连接尺寸：确定零件间相对位置的尺寸。如图9-2所示球心阀中两螺栓的中心距56mm。

（3）安装尺寸　安装尺寸是指将机器安装在基础上或将部件安装在机器上所需的尺寸。

（4）外形尺寸　外形尺寸是表示机器或部件的外形轮廓总长、总宽和总高的尺寸。它反映了机器或部件的大小，为包装、运输和安装提供参考。如图9-2所示球心阀的总长、总宽和总高尺寸142mm、128mm、155mm。

（5）其他重要尺寸　除上述四种尺寸外，还有在设计或装配时需要保证的其他重要尺寸，如运动零件的极限尺寸、主体零件的重要尺寸等。

必须指出，上述五类尺寸并不是每张装配图上都全部具有的，并且装配图上的一个尺寸有时兼有几种意义。因此，应根据具体情况来考虑装配图上的尺寸标注。

9.3.2　装配图的技术要求

装配图的技术要求一般围绕以下几个方面来拟订：

（1）装配工艺技术要求　主要针对装配过程中的装配方法、装配后零部件的互相接触状况、零件间的位置要求以及检查方法等进行具体说明。

（2）产品试验和检验要求　主要针对产品装配完成后所要进行的性能检验和测试条件、方法以及技术性能指标进行说明。

（3）产品使用和保养说明　主要针对机器或部件在包装、运输、安装、保养以及使用过程中的注意事项进行说明。技术要求一般以文字形式逐项注写在零件明细栏上方或图纸下方空白处。

9.4　装配图的零、部件序号和明细栏

1. 装配图中的零、部件序号

为了便于读图和图样管理以及做好生产准备工作，对装配图中的所有零件必须编写序号。

（1）编号形式　编写序号的形式有以下三种。

1）序号写在指引线一端的水平基准（细实线）上方，序号数字比视图中的尺寸数字大一号或两号，如图9-7a所示。

2）序号写在指引线一端的细实线圆圈内，序号数字可比视图中的尺寸数字大一号或两号，如图9-7b所示。

3）序号写在指引线一端附近，序号数字要比图中尺寸数字大两号，如图9-7c所示。

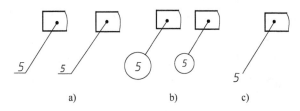

图9-7　编号形式

（2）编写序号的有关规定　装配图中编写序号应按下述规定进行。

1）在一张装配图中编号形式应一致。

2）每一种零件在视图上只编一个序号，对同一种标准部件（如油杯、轴承和电动机等）在装配图上也可只编一个序号。

3）指引线和与其相连的水平基准或圆圈一律用细实线绘制。水平基准或圆圈一般画在图形外的适当位置。

4）指引线应自所指零件的可见轮廓内引出，并在末端画一小圆点，若所指零件很薄或是涂黑的剖面不宜画圆点时，可在指引线末端画出指向该零件轮廓的箭头，如图9-8a所示。

5）指引线不能相交，一般画成与水平方向倾斜一定角度。

6）指引线不应与剖面线平行，必要时可画成折线，但只允许折一次，如图9-8b所示。

7）指引线末端为圆圈时，直线部分的延长线应通过圆心，如图9-8c所示。

8）一组紧固件及装配关系清楚的零件组，可以采用公共指引线，如图9-9所示的公共

指引线的画法。

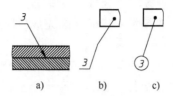

图9-8 几种指引线的画法

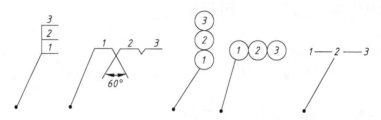

图9-9 公共指引线画法

9）为了保持图样清晰和便于查找零件，序号可在视图周围或整张图纸内按顺时针或逆时针顺序排列成一圈，或按水平以及铅垂方向整齐排列成行。

2. 装配图的明细栏和标题栏

明细栏是装配图中全部零件的详细目录，装配图的所有零件均按顺序填入明细栏内画在标题栏的上方，若位置不够可接续画在标题栏的左方。零件序号由下往上依次排列并与图中零件相对应。

GB/T 10609.2—2009《技术制图—明细栏》中规定了明细栏的样式，如图9-10所示。制图作业中可以采用简化的格式，如图9-11所示。

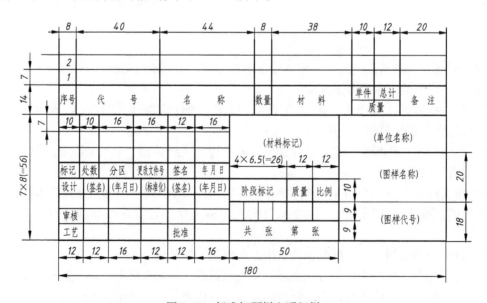

图9-10 标准标题栏和明细栏

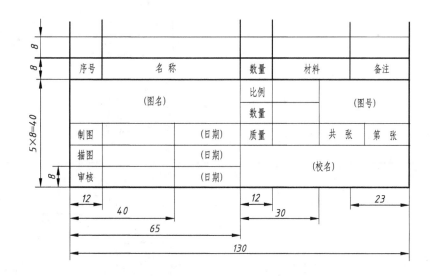

图 9-11　制图作业中使用的简化标题栏和明细栏

9.5　装配图的画图步骤

恰当地选择视图方案是保证装配图表达效果的关键环节，而遵循正确的画图方法和步骤是画好装配图，保证图样质量的关键。

1) 选比例、定图幅。根据机器或部件的实际尺寸及其结构的复杂程度，选择恰当的画图比例，并确定图纸幅面的大小。

2) 合理布局。在图纸上安排各视图的位置，同时要留出标题栏、明细栏、零件编号、标注尺寸和技术要求的位置。用细实线和细单点画线画出各视图作图基线、对称线、中心线和轴线等，如图 9-12a 所示。

3) 画部件主要结构的轮廓线。一般先从主视图开始，几个视图配合进行，都应从主要装配干线画起，对剖视图应先画内部结构，然后逐渐向外扩展。有时为了确定各视图的范围或为了表示主要零件的主要结构也可先画出外部轮廓线，如图 9-12b 所示。

4) 画部件的次要结构。仍从主视图开始，按各零件间的相对位置，逐个画出每个零件，完成各视图。要注意保持各视图之间的投影关系正确，完成全图，如图 9-12c、d 所示。

5) 检查校核。先从主视图中的主要传动干线入手按传动路线检查所涉及的各零件的主要结构是否表达完全，其中的装配关系是否合理，再延展到各个视图，最后要注意检查视图上的细部结构是否有遗漏，各视图之间的投影关系是否正确等。

6) 画尺寸线、剖面符号、编写零件序号和加深全图。

7) 填写尺寸数字、技术要求、明细栏和标题栏，完成装配图。

图 9-12 所示为球阀装配图的画图步骤。

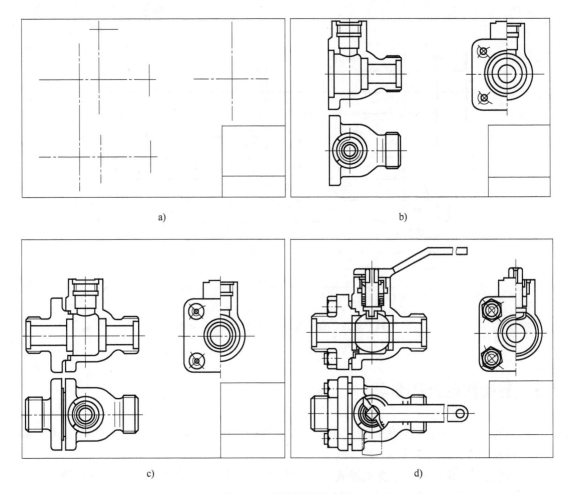

a)　　　　　　　　　　　　b)

c)　　　　　　　　　　　　d)

图 9-12　画装配图的步骤

9.6　装配结构的合理性

为保证机器和部件的装配质量，满足性能要求，并便于装配和拆卸，在设计和绘制装配图的过程中必须考虑装配结构的合理性。

1. 接触面与配合面结构

1）两个零件接触时，在同一方向（轴向或径向）上一般只允许有一对接触面或配合面，如图 9-13 所示。这样既保证了装配工作能顺利地进行，又降低了零件的加工要求，否则就要提高接触面的尺寸精度，增大加工成本。

2）为了保证轴和孔在配合面和轴肩端面两个方向都接触良好，应在孔口或轴根处制出相应的倒角、退刀槽或倒圆，如图 9-14 所示。

3）为保证连接件与被连接件的良好接触，应在被连接件接触面上加工出沉孔、凸台和埋头孔等，如图 9-15 所示。

2. 便于拆装的结构

（1）便于拆装滚动轴承的结构　图 9-16 所示为滚动轴承安装在箱体轴承孔内及安装在

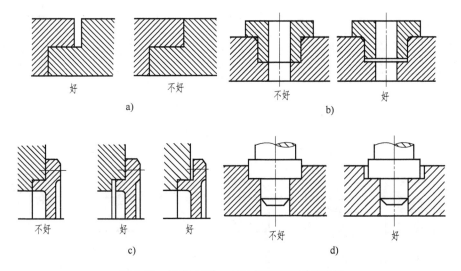

图 9-13　避免在同一方向有两对面同时接触

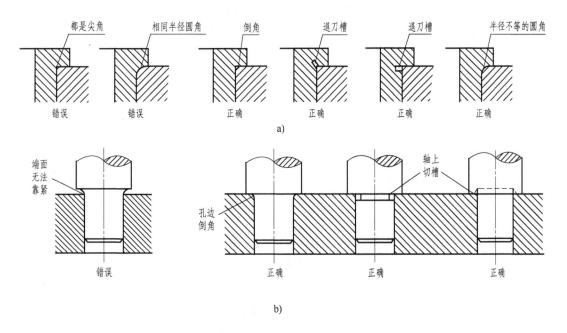

图 9-14　轴肩与孔端面的圆角、倒角和退刀槽

轴上的情形。图 9-16b、c、e 所示是合理的，而在图 9-16a、d 的情形下，轴承将无法拆卸，是不合理的。

　　图 9-17 所示为箱体内装入衬套的情形，显然图 9-17a 更换衬套时很难拆卸，套筒无法拆出。若在箱体上钻几个螺孔（工艺孔），如图 9-17b 所示。拆卸时则可用螺钉将衬套顶出。

　　（2）便于拆装螺纹连接件的结构　为了便于拆装，必须要考虑拆装螺栓、螺钉时扳手的活动空间，以及螺钉装入时所需的空间。图 9-18、图 9-19、图 9-20 和图 9-21 分别给出了不合理及合理的螺纹连接件的拆装结构。

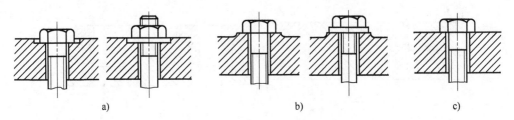

图 9-15　被连接件的接触面结构

a）沉孔　b）凸台　c）不正确

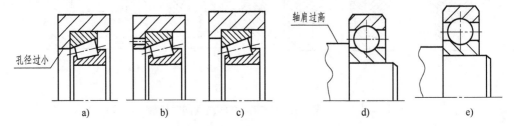

图 9-16　滚动轴承的安装

a）不合理　b）合理　c）合理　d）不合理　e）合理

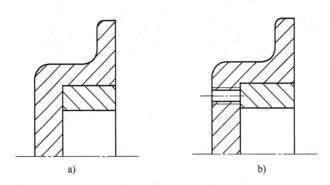

图 9-17　应考虑零件的拆卸

a）不合理　b）合理

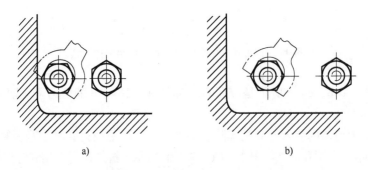

图 9-18　应考虑扳手的活动空间

a）不合理　b）合理

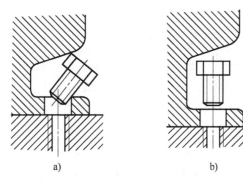

图 9-19　应考虑螺钉装入所需的空间
a）不合理　b）合理

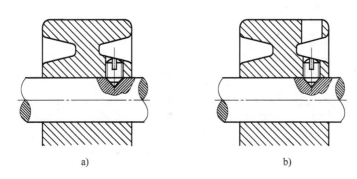

图 9-20　应考虑便于安装（一）
a）螺钉无法安装—不合理　b）开工艺孔—合理

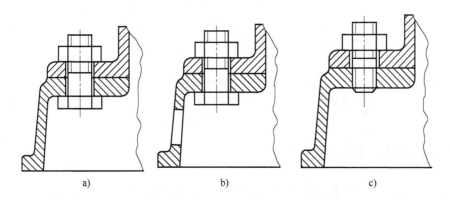

图 9-21　应考虑便于安装（二）
a）螺栓无法安装，不合理　b）开手孔，合理　c）双头螺柱结构，合理

　　（3）定位销的装配结构　为了便于销孔加工和拆卸方便，在可能的条件下，尽量将销孔做成通孔，如图 9-22 所示。

3. 螺纹紧固件的防松装置

　　大部分机器在工作时常会产生振动或冲击，导致螺纹紧固件松动，影响机器的正常工作，甚至诱发严重事故，所以螺纹连接中一定要设计防松装置。常用的防松装置有双螺母、弹簧垫圈、止推垫圈和开口销等，如图 9-23 所示。

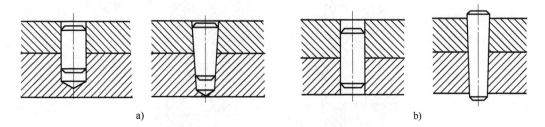

a)   b)

图 9-22　应考虑拆卸方便

a）盲孔—不合理　b）通孔—合理

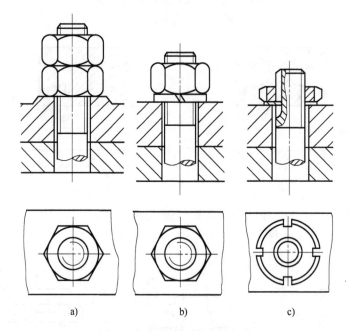

a)   b)   c)

图 9-23　螺纹紧固件的防松装置

a）用双螺母防松　b）用弹簧垫圈防松　c）用止推垫圈防松

9.7　读装配图、拆画零件图

在设计、装配、使用和维修机器和设备时，以及进行技术交流的过程中，都需要看装配图或由装配图拆画零件图。工程技术人员必须具备熟练读装配图的能力。

1. 读装配图的目的和要求

1）了解机器或部件的性能、功用和工作原理。

2）了解零件间的相对位置、装配关系及各零件的装拆顺序。

3）弄清每个零件的主要结构、形状和作用。

4）读懂润滑、密封等系统的构造和工作原理。

2. 读装配图的步骤

（1）概括了解　首先对整张装配图的内容进行概略的分析和了解，可按下文三步进行。

1）读标题栏，了解装配图所表达部件的名称、图样的比例，并联系实际略知部件的大小和用途。

2）读明细栏，按序号了解零件的名称、数量，并在图中找到各零件的位置。

3）分析视图，首先看共有几个视图，然后逐个分析每个视图的投射方向、视图名称，采用的表达方法，找到剖视和断面图的剖切位置，分析各视图的表达重点。

（2）分析工作原理及传动关系　这是读装配图的重要环节，要对各视图进行详细分析，根据其表达方式进一步理解各视图表达意图。先从主视图入手，沿各条传动干线按投影关系找到各个零件的轮廓，确定它们的准确位置及与相邻件的连接、安装、装配关系。要搞清楚部件的运动情况，即搞清楚哪些是运动件，运动形式如何，运动是怎样传递的。对固定不动的零件（主要零件），搞清固定和连接方式，继而分析清楚与其相关的零件在部件中的地位和作用。还要对其他零件间的连接和固定情况进行分析，找出其固定方式和连接关系，从而弄清设备的工作原理。

（3）搞清每个零件的结构和形状　在分析部件工作原理和传动关系的过程中，对各零件的轮廓及其在部件中所起的作用已有了基本了解，此时应对各零件的结构形状准确地加以分析判断，这样也有助于更深入地理解部件的工作原理和性能。分析判断零件结构形状的依据是零件在部件中的地位、作用，该零件的轮廓和剖面线的方向、间隔等。一般先从主要零件开始，然后再看其他零件。

（4）分析密封和润滑系统　分析部件的密封装置应了解部件的工作介质，搞清装置的结构形式和密封原理。部件中高速旋转零件一般均需润滑系统保证其正常工作，应了解清楚润滑的方式和结构，润滑剂的加入和排除方法以及使其润滑性能良好的措施等。

（5）综合归纳　对装配图进行了上述分析了解后，一般对该部件的性能和结构等主要方面已基本清楚，但为了完整、全面地读懂装配图，应对前面已掌握的情况进行综合归纳，再认真地思考以下问题。

1）结合对技术要求和装配尺寸的分析，考虑对部件的性能、工作原理是否完全理解；部件中各种运动形式及其联系是否已经清楚；连接方式共有几种，是否均已找到。

2）分析各零件的装拆方法和顺序是怎么样的。

3）为何采用此种表达方案？可设想其他表达方案与其进行比较，从中得出此种表达方案的优越性。如这些问题都已解决，说明该装配图已经读懂。上述读装配图的方法和步骤，只说明读图的一般规律，并非读每一张装配图的步骤，要根据装配图的特点做具体分析全面考虑。有时几个步骤往往需要交替进行。只有通过不断实践，才能掌握读图规律，提高读装配图的能力。

3. 读装配图举例

图 9-24 所示为球阀装配图。

（1）概括了解　由标题栏知该部件是球阀，阀一般是用于管路系统中调节流体流量的开关装置。因此，球阀是管道中起开关作用的部件，工作时扳动扳手带动阀杆旋转，使阀芯孔改变位置，从而调节通过球阀的流体流量大小。由于其阀芯是球形的，故取名为球阀。图形采用 1∶2 的缩小比例绘制。

（2）分析工作原理及传动关系　球阀的工作原理是：件 14 扳手的方孔套进件 4 阀杆上部的四棱柱，当转动扳手处于图 9-24 中主视图所示的位置时，则阀门全部开启，管道畅通；

当扳手处于俯视图所示的双点画线位置时，即顺时针旋转90°时，则阀门关闭，管道断流。

球阀的装配关系包括：件1阀体和件10阀盖均带有圆形的凸缘，采用螺栓连接，并用合适的件9阀盖垫圈调节件2阀芯与件3阀芯密封圈之间的松紧程度。在件4阀杆的下部有凸块，榫接件2阀芯上面的凹槽。

球阀的配合面有3处：件1阀体、件10阀盖分别与件3阀芯密封圈连接处的φ40 H8/k7圆柱面，为基孔制的过渡配合；件1阀体与件4阀杆的φ18 H11/c11圆柱面，为基孔制的间隙配合；件4阀杆下部的凸块与件2阀芯上面的凹槽榫接处的8H11/c11平面，也是基孔制的间隙配合。

（3）分析判断每个零件的结构形状　根据线面关系仔细分析其投影特点，并结合有关尺寸，可以对零件的内、外结构形状有大致的了解。一般先看主要零件，后看次要零件。先从容易区分零件投影轮廓的视图开始，再看其他视图。

球阀中各零件的主要形状，大多可从图9-24中看出，如阀杆是轴套类零件，上部有与扳手方孔相配合的四棱柱，在四棱柱底部有限位板定位用的轴肩和安装轴用卡簧的环形槽，在阀杆底部有与阀芯榫接的凸块；阀盖左端为圆形凸缘，右端为带有四个通孔的正方形四棱柱连接板，在连接板右侧有与阀体配合的圆形凸台，阀盖左、右结构通过中间的圆筒连接，圆筒孔径为球阀的规格尺寸φ32。对球阀而言，形状结构最复杂的主要零件是阀体。

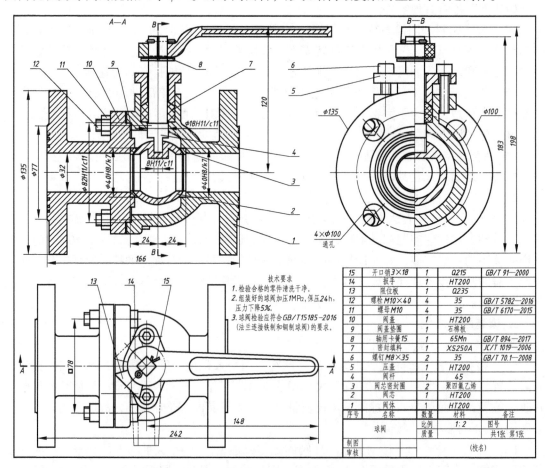

15	开口销3×18	1	Q215	GB/T 91—2000
14	扳手	1	HT200	
13	限位板	1	Q235	
12	螺栓 M10×40	4	35	GB/T 5782—2016
11	螺母 M10	4	35	GB/T 6170—2015
10	阀盖	1	HT200	
9	阀盖垫圈	1	石棉板	
8	轴用卡簧15	1	65Mn	GB/T 894—2017
7	密封填料	1	XS250A	JC/T 1019—2006
6	螺钉 M8×35	2	35	GB/T 70.1—2008
5	压盖	1	HT200	
4	阀杆	1	45	
3	阀芯密封圈	2	聚四氟乙烯	
2	阀芯	1	HT200	
1	阀体	1	HT200	
序号	名称	数量	材料	备注
	球阀	比例	1:2	图号
		质量		共1张 第1张
制图				
审核			(校名)	

技术要求
1. 检验合格的零件清洗干净。
2. 组装好的球阀加压1MPa，保压24h，压力下降5%。
3. 球阀检验应符合GB/T15185—2016（法兰连接转制和锻制球阀）的要求。

图9-24　球阀装配图

（4）分析密封系统　为了密封，在件1阀体与件4阀杆之间加件7密封填料，再旋入件5压盖，压紧填料起密封作用。填料压紧的程度，以工作时间阀杆转动灵活、流体不渗漏为好。

（5）综合归纳　在以上步骤的基础上，结合尺寸标注及技术要求等相关内容，进一步综合分析总体结构、传动关系和工作原理，想象出装配图的整体结构形状。

4. 由装配图拆画零件图

机器在设计过程中必须先画出装配图，再根据装配图拆画零件图。第7章已对零件图做了详细讨论，此处，仅对由装配图拆画零件图提出几点需要注意的问题。

（1）对拆画零件图的要求

1）认真读懂装配图，全面理解设计意图，搞清机器的工作原理、装配关系、技术要求和每个零件的结构形状及其在装配体中的作用。

2）画图时不但要从设计方面考虑零件的作用和要求，而且还要从工艺方面考虑零件制造和装配的可能性，使零件图符合设计要求和工艺要求。

（2）拆画零件图应考虑的问题

1）零件结构形状的确定。装配图只表达了零件的主要结构形状，对零件上某些局部结构和标准结构，往往未完全表达。拆画零件图时，应结合考虑设计和工艺要求，补画出这些结构（如倒角、圆角和退刀槽等）。如零件上某部分需要与其他零件在装配时一起加工，则应在零件图中注明，如图9-25所示。

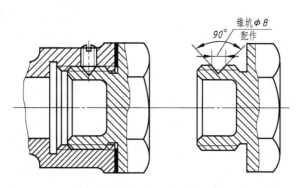

图 9-25　注明装配时加工

2）零件视图方案的选定。拆画零件图时，应根据零件的结构形状特点按零件图的要求选择视图方案，不一定与装配图一致，无须完全照抄装配图中的零件视图。但多数情况下对基本体类零件（如箱体、壳体等）主视图方案可与装配图一致，这样便于装配和加工。

3）零件图的尺寸标注。装配图上按需要只标注了几类尺寸，在拆画零件图时，应按第7章对零件图标注尺寸的要求进行。零件图的尺寸从以下几个方面确定。

① 装配图上的某些尺寸就是相关零件的尺寸，这些尺寸可直接移到零件图上，如图9-26所示。主视图中的尺寸56mm和48mm就是泵体零件上的两个尺寸；装配图中的配合尺寸如"$\phi10H7/h6$"，应按第7章的要求分别标注到相应的零件图上。

② 标准结构或与标准结构相连接的有关尺寸，如沉孔、螺纹尺寸、键槽宽度和深度以及销孔直径等，应查阅相应结构的标准获得。

③ 查表尺寸，如倒角、退刀槽等结构的尺寸应从标准中查表获得。

④ 需经计算的尺寸，如齿轮的分度圆、齿顶圆直径等，应按有关参数经计算得到。

⑤ 从装配图上直接量得的尺寸。零件图上的尺寸从上述途径仍不能标注完全时，要直接从装配图中量取有关尺寸。

4）零件图技术要求的确定。零件图技术要求应根据零件在部件中的作用和制造零件的要求来提出，也可参考有关资料来确定。但是正确制定技术要求，涉及许多专业知识，本书不做进一步介绍。

5. 读阀装配图、拆画阀体零件图

（1）概括了解　图 9-26 所示为阀的装配图，该部件装配在液体管路中，用以控制管路的"通"与"不通"。该图采用主（全剖视）、俯（全剖视）、左三个视图和一个 B 向局部视图的表达方法。有一条装配轴线，部件通过阀体上的 G1/2 螺纹孔、φ11 的光孔和管接头上的 G3/4 螺孔装入液体管路中。

（2）了解装配关系及工作原理　图 9-26 中阀的工作原理从主视图看最清楚。当件 1 杆受外力作用向左移动时，件 4 钢珠压缩件 5 弹簧，阀门被打开，当去掉外力时，钢球在弹簧作用下将阀门关闭。件 7 旋塞可以调整弹簧作用力的大小。

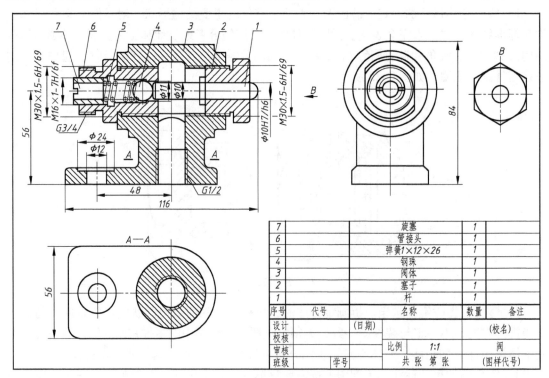

图 9-26　阀装配图

阀的装配关系也从主视图看最清楚。左侧将件 4 钢珠、件 5 弹簧一次装入件 6 管接头中，然后将件 7 旋塞拧入管接头，调整好弹簧压力，再将管接头拧入阀体左侧的 M30×1.5 螺孔中。右侧将件 1 杆装入件 2 塞子的孔中，再将件 2 塞子拧入阀体右侧的 M30×1.5 螺孔中。件 1 杆和件 6 管接头径向有 1mm 的间隙，管路接通时，液体由此间隙流过。

（3）拆画阀体零件图

1）看懂装配图。将要拆画的零件从整个装配图中分离出来。首先将件 3 阀体从主、俺、左三个视图中分离出来，然后想象其形状。对于大体形状想象并不困难，但阀体内形腔的形状，因左、俯视图没有表达，所以不易想象。但通过主视图中 G1/2 螺孔上方的相贯线形状得知，阀体形腔为圆柱形，轴线水平放置，且圆柱孔的长度等于 G1/2 螺孔的直径，如图 9-27 和图 9-28 所示。

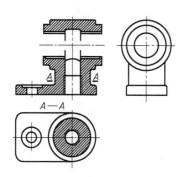
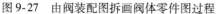

图 9-27　由阀装配图拆画阀体零件图过程　　　图 9-28　阀体轴测图

2）确定视图表达方案。看懂零件的形状后，要根据零件的结构形状及在装配图中的工作位置或零件的加工位置，重新选择视图，确定表达方案。此时可以参考装配图的表达方案，但要注意不受原装配图的限制。图 9-29 所示阀体的表达方案，主、俯视图和装配图相同，左视图采用半剖视图。

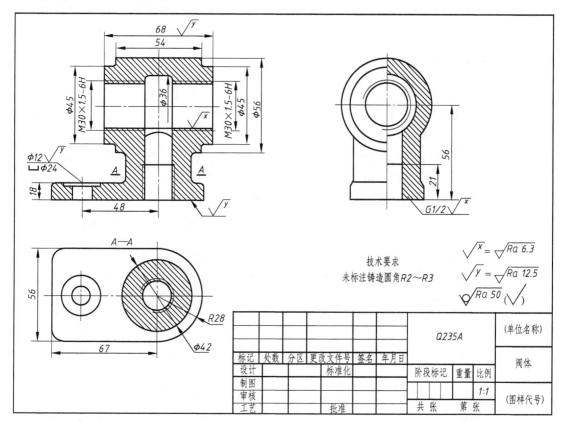

图 9-29　阀体零件图

3）标注尺寸。由于装配图上给出的尺寸较少，而在零件图上则需注出零件各组成部分的全部尺寸，所以很多是在拆画零件图时才确定的。

4）技术要求。标注零件各表面粗糙度、几何公差及技术要求时，应结合零件各部分的功能、作用及要求，合理选择精度要求，同时还应使标注数据符合有关标准。

拆画零件图是对综合能力的训练。它不仅要求具有看懂装配图的能力，而且还应具备有关的专业知识。随着计算机绘图技术的普及提高，拆画零件图变得更加容易。如果已由计算机绘出机器或部件的装配图，可对被拆画的零件进行复制，然后加以整理，并标注尺寸，即可画出零件图。

9.8 NX 软件绘制装配图

在 NX 软件中创建装配图时，须选择【新建】→【图纸】→【Ax-装配 无视图】，此时，装配图图纸页标题栏的上方会自动生成明细栏的表头，如图 9-30 所示。

1			14			○ ○	
序号	代　　号	名　称	数量	材　料		单件 ｜ 总计 重量	备注

图 9-30　明细栏表头

根据国家标准所规定的各种表达方法，正确、完整、清晰和简练地表达装配图。在 NX 软件中装配图的视图表达操作方法和零件图类似，这里就不一一阐述。

9.8.1 NX 软件创建零、部件序号

为了便于读图和图样管理以及做好生产准备工作，对装配图中的所有零件必须编写序号。编号形式及编写序号的有关规定在 9.4 节中已经详细介绍，下面就在 NX 软件中如何创建零、部件序号做一些介绍。

选择【插入】→【注释】→【符号标注】，类型可根据需要选择【圆】或者【下划线】方式，如图 9-31 所示。箭头样式可选择【填充原点】，如图 9-32 所示。设置完成后就可在创建好的视图中按照编写序号的有关规定进行序号的编写。

图 9-31　符号标注类型

图 9-32　箭头样式

9.8.2　NX 软件创建明细栏

NX 软件创建明细栏需先给装配图中需要表达的每一个零部件添加属性，如图 9-33 所示。全部添加完成后，右键单击更新零件明细栏，图纸页中会显示全部零件的详细目录。

图 9-33　【组件属性】对话框

如果需要调整明细栏中的顺序，可在【GC 工具箱】→【制图工具】→【编辑零件明细表】中，选择生成的明细栏，对明细栏中的零件顺序进行调整，调整后选择更新件号即可。

本 章 小 结

装配图是表达机器的组成、各零件装配和连接关系的图样，是表达设计思想，指导装配、检验、安装、维修和进行技术交流的重要技术文件。

（1）一张完整的装配图应当包括四个方面的内容　一组视图，必要尺寸，技术要求，序号、标题栏及明细栏。

（2）装配图的表达方法　装配图要正确、清楚地表达装配体的结构、工作原理及零件之间的装配关系。零件的视图、剖视图和断面图等零件图的各种表达方法对装配图同样适用。但装配图表达方案的选择与零件图有所不同，装配图主要是依据装配体的工作原理和零件之间的装配关系来确定主视图的投射方向，而零件图是根据工作位置、加工位置以及形状特征来确定主视图的投射方向。

（3）装配图的尺寸和技术要求　装配图上一般只需要标注出装配体的装配特征、安装、检验及总体尺寸等，比零件图尺寸简单。装配图的技术要求主要是装配、检验、使用时应达到的技术指标，而不是对每个零件做具体要求。

（4）识读装配图　识读装配图主要是了解构成装配体的各零件之间的相互关系，即它们在装配体中的位置、作用、固定或连接方法、运动情况及装拆顺序等，从而进一步了解装配体的性能、工作原理及各零件的主要结构形状。

看装配图要看标题栏了解概括；看明细栏了解各组成零件；看视图明确表达方案和机器结构；看配合明白装配顺序和原理。

学会读装配图和拆画零件图之后，还要学会在 NX 软件中绘制出装配图，并且注意尺寸标注、技术要求和明细栏的编写等事项。

◉ 第 10 章 ···

汽车工程图设计应用

【教学要点】

1）了解汽车零部件结构。
2）掌握使用 NX 软件绘制汽车零部件三维造型图的能力。
3）掌握零部件工程图的绘制。

10.1　汽车制动鼓零件图

制动器是汽车制动系统的主要零部件，是在工作过程中使汽车减速乃至停车的主要部件。常用的制动器有鼓式制动器和盘式制动器，本节以鼓式制动器为例，讲解制动器的结构与形式。

图 10-1 所示为鼓式制动器的三维图，其工作原理是通过制动轮缸直接带动制动蹄，使制动器内的摩擦片表面产生一定压力，从而对车轮产生制动力，使得车辆在一定的距离内减速或紧急停车，保证车辆和乘客的安全。

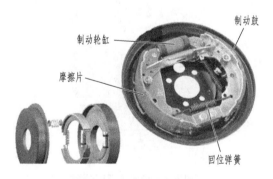

图 10-1　鼓式制动器三维图

10.1.1　制动鼓的建模

制动鼓的主体部分大多是由不同直径的圆柱体组成，轴向尺寸较短，属于盘盖类零件。由于制动鼓结构主要是回转体，主体可以经过回转方式形成，连接部分为 10 个孔。

（1）创建轮廓线　新建模型文件，命名为 zhidonggu，进入草绘环境，以 X 轴作为制动鼓的中心轴线，创建轮廓线，如图 10-2 所示。

（2）创建回转体　在菜单栏中选择【插入】→【设计特征】→【回转】菜单项，选择上面绘制的轮廓线，指定矢量选择 *X* 轴，具体参数设置如图 10-3 所示。单击【确定】按钮，生成制动鼓主体结构，如图 10-4 所示。

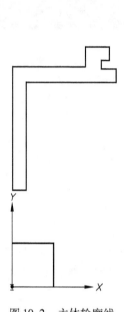

图 10-2　主体轮廓线

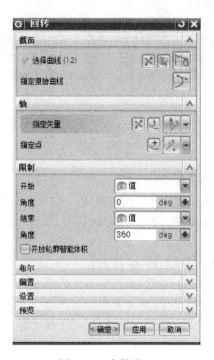

图 10-3　参数设置

图 10-4　制动鼓主体结构

（3）创建孔特征　制动鼓上共有 5 个光孔及 5 个沉孔，都均匀分布在 $\phi 174$mm 的圆上。在菜单栏中选择【插入】→【设计特征】→【孔】菜单项，具体参数设置如图 10-5 所示，单击【确定】按钮即可完成 1 个沉孔的特征，如图 10-6 所示。

（4）阵列孔特征　在菜单栏中选择【插入】→【关联复制】→【阵列特征】菜单项，参数设置如图 10-7 所示，单击【确定】按钮即可完成沉孔的阵列，如图 10-8 所示。重复以上步骤完成光孔的创建，如图 10-9 所示。

图 10-5　参数设置

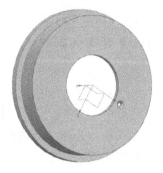

图 10-6　创建沉孔特征

图 10-7　【阵列特征】参数设置

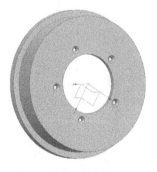

图 10-8　沉孔的阵列

（5）创建细节特征　主体模型创建完成之后，最后还需完成圆角及斜角的创建。最终制动鼓三维模型如图 10-10 所示。

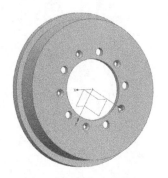

图 10-9　创建光孔特征

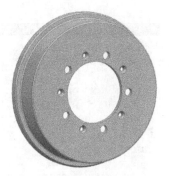

图 10-10　制动鼓三维模型

10.1.2　制动鼓零件图的创建

（1）视图的选择　制动鼓属于盘盖类零件，因此制动鼓主视图将轴线水平摆放。为表达内部结构，主视图采用全剖视图表达。盘盖类零件一般用两个基本视图表达，因此制动鼓除主视图外，还需用左视图表达连接孔的数目和分布情况。

（2）创建基本视图　选择【新建】→【图纸】→【A3】进入制图环境，添加基本视图，比例选择 1:2，如图 10-11 所示。

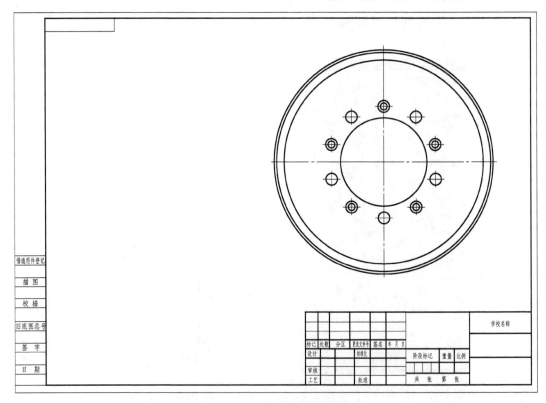

图 10-11　制动鼓基本视图

（3）创建全剖视图　打开【剖视图】对话框，选择上一步生成的视图为父视图，选取圆心为剖切位置，放置视图即可生成全剖视图，如图 10-12 所示。

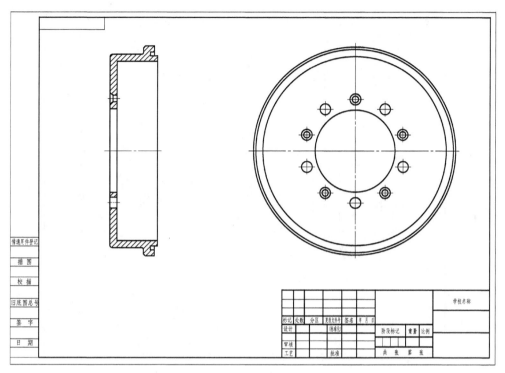

图 10-12　全剖视图

（4）标注尺寸与公差　设置标注样式，文字采用国标大字体，文字高度为 3.5mm，结果如图 10-13 所示。

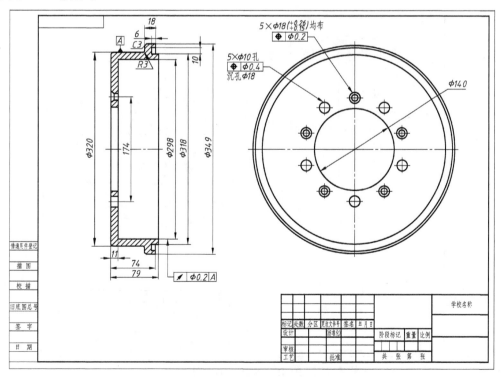

图 10-13　标注尺寸与公差

（5）标注粗糙度　根据实际需要对制动鼓的粗糙度进行标注，如图 10-14 所示。

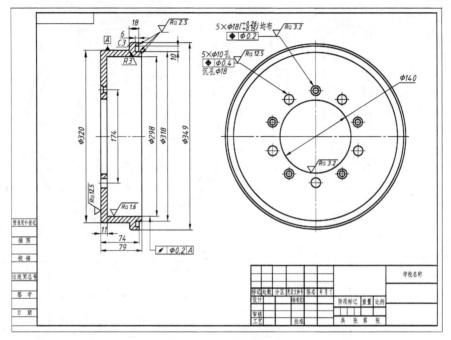

图 10-14　标注粗糙度

（6）填写技术要求及标题栏　填写技术要求及标题栏，如图 10-15 所示，制动鼓三维
模型及整幅工程图绘制完成。

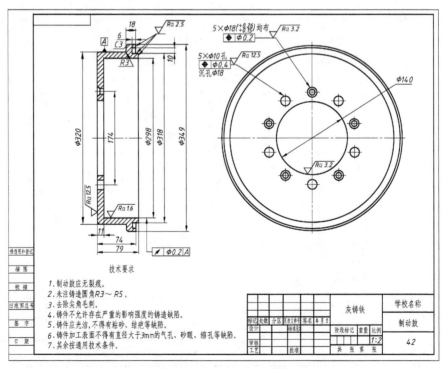

图 10-15　制动鼓零件图

10.2　盘式制动器总成装配图

（1）创建视图　打开盘式制动器总成装配文件：01-asm（相关文件扫描本页二维码获取），选择【新建】→【图纸】→【A1-装配主视图】进入制图环境，添加主视图，比例选择1∶1.5，如图 10-16 所示。

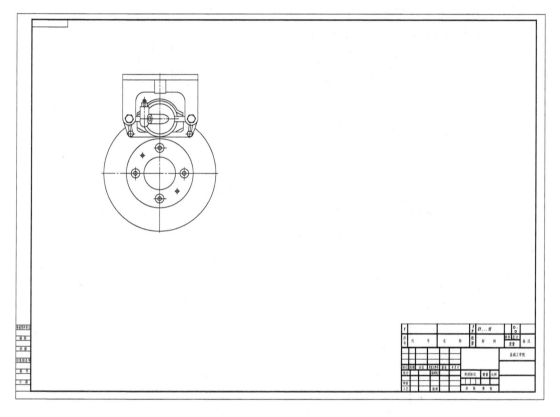

图 10-16　主视图

　　左视图需采用全剖视图，在菜单栏中选择【插入】→【视图】→【截面】→【简单/阶梯剖】菜单项，或者单击【图纸】工具条中的【简单/阶梯剖】按钮，系统即可弹出【剖视图】对话框，父视图选择上一步生成的主视图，剖切位置选择制动盘的圆心，在主视图正右方放置，即可生成左视图，如图 10-17 所示。

　　俯视图采用局部剖视图，在菜单栏中选择【插入】→【视图】→【投影】菜单项，生成俯视图，右击俯视图，选择【活动草图视图】，用艺术样条曲线绘制如图 10-18 所示的剖切线。

　　在菜中栏中选择【插入】→【视图】→【截面】→【局部剖】菜单项，选择俯视图，选择螺栓圆心，断裂线选择上一步绘制的样条曲线，修改边界包含全部所要表达对象，单击【应用】按钮。由于螺栓属于非剖切零件，选择【编辑】→【视图】→【视图中剖切】，选择俯视图及局部剖中的螺栓，使其变为非剖切，如图 10-19 所示。

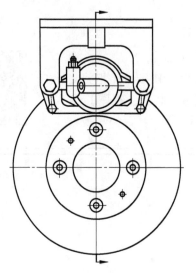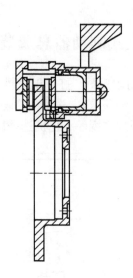

图 10-17　左视图

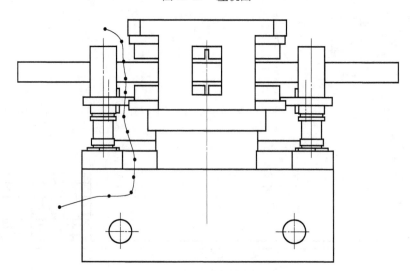

图 10-18　剖切线

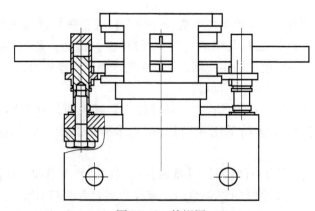

图 10-19　俯视图

（2）装配图的尺寸及技术要求　装配图的尺寸及技术要求的标注方法和零件图一样，这里就不一一阐述了，如图 10-20 所示。

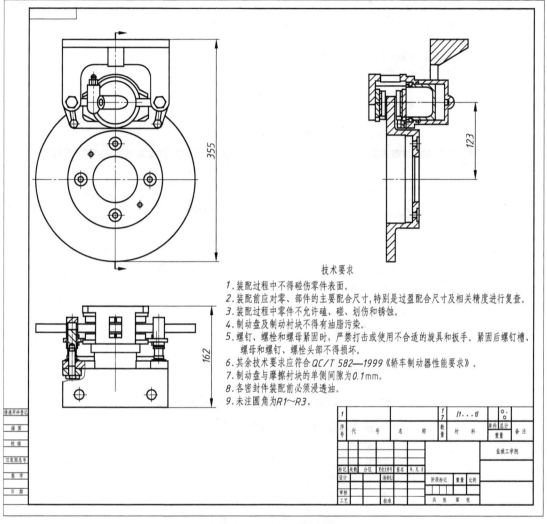

图 10-20　尺寸及技术要求

（3）属性定义　装配图中明细栏及序号的标注都和零件属性相关，如果零件的属性在建模过程中没有定义，此时就需对零件属性进行定义。在部件导航器中单击零件，右击选择【属性】，在此对话框即可输入零件属性，如图 10-21 所示。图 10-21 中 DB_PART_NAME 即是装配图明细栏中的零件名称，DB_PART_NO 即是装配图明细栏中的代号，Meterial 即是装配图明细栏中的材料，而数量则不需要定义。

（4）编写序号和明细栏　序号的编写形式有 3 种，如果需要圆圈或下划线形式，可以双击右下方的明细栏，在标注符号里进行选择，如图 10-22 所示。

选择【部件导航器】，右键单击更新零件明细栏，右下角即可自动生成明细栏。选择【插入】→【表格】→【自动符号标注】，对象选择右下角的明细栏，单击【确定】按钮，选择所有视图，选择确定，在左视图上自动生成序号，此时生成的序号比较混乱，不符合国家标准，因此还需对序号进行设置。序号设置只需双击需要修改的序号，修改箭头样式为填充圆点，另外拖动指引线到合适位置即可。修改过程中，如要调整零件序号，选择【GC 工具箱】→【制图工具】→【编辑零件明细表】，选择右下角明细栏，在此对话框中调整零件上下顺序，单击【更新】按钮，即完成了明细栏零件重新排序，如图 10-23 所示。

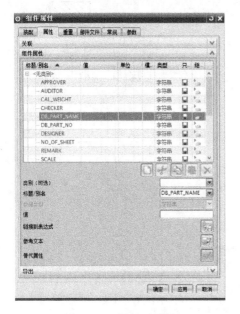

图 10-21　属性对话框

图 10-22　注释样式选择

图 10-23　零件重新排序

再次重复【自动符号标注】操作，即可完成零件序号的调整。最终序号编写结果如图 10-24所示。序号的编写也可以使用【插入】→【注释】→【符号标注】，手动逐个标注来完成。

最后填写标题栏，完成盘式制动器装配图的创建，如图 10-25 所示。

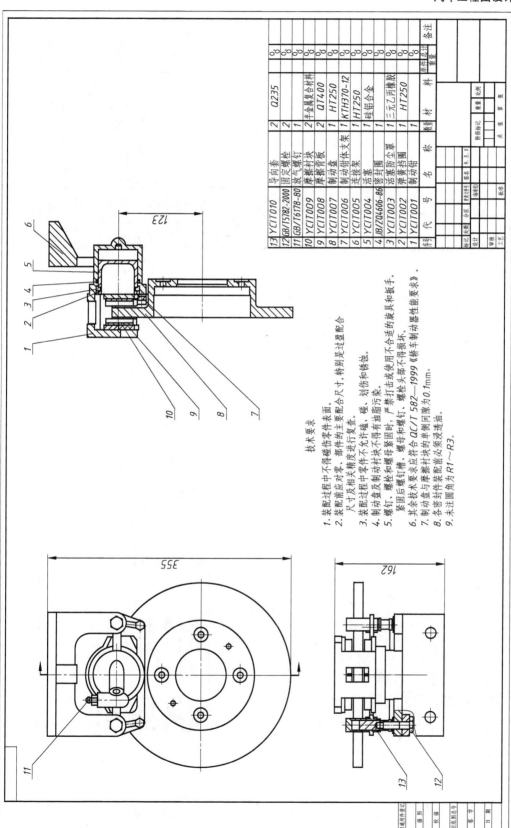

技术要求
1. 装配过程中不得碰伤件表面。
2. 装配前应对零、部件的主要配合尺寸及相关关精度进行复查。
3. 装配过程中零件不允许磕、划伤和锈蚀。
4. 制动盘及制动衬块不得有油脂污染。
5. 螺钉、螺栓缸槽和螺母紧固时，严禁打击或使用不合适的凿具和扳手。紧固后螺钉槽、螺栓和螺母不得有损环。
6. 其余技术要求应符合QC/T 582-1999《轿车制动器性能要求》。
7. 制动盘与摩擦衬块配前必须涂透油。
8. 各密封件装配前须涂透油。
9. 未注圆角为R1～R3。

序号	代号	名称	数量	材料	单件	总重	备注
13	YCIT010	导向套	2	Q235		0.0	
12	GB/T5782-2000	固定螺栓	2			0.0	
11	GB/T6178-80	放气螺钉	1			0.0	
10	YCIT009	摩擦衬块	2	半金属复合材料		0.0	
9	YCIT008	摩擦背板	2	QT400		0.0	
8	YCIT007	制动盘	2	HT250		0.0	
7	YCIT006	制动钳体支架	1	KTH370-12		0.0	
6	YCIT005	连接架	1	HT250		0.0	
5	YCIT004	活塞	1	硅铝合金		0.0	
4	JB/ZQ4606-86	密封圈	1			0.0	
3	YCIT003	活塞防尘罩	1	三元乙丙橡胶		0.0	
2	YCIT002	弹簧挡圈	1			0.0	
1	YCIT001	制动钳	1	HT250		0.0	

图10-24 序号和明细栏的编写

123

355

162

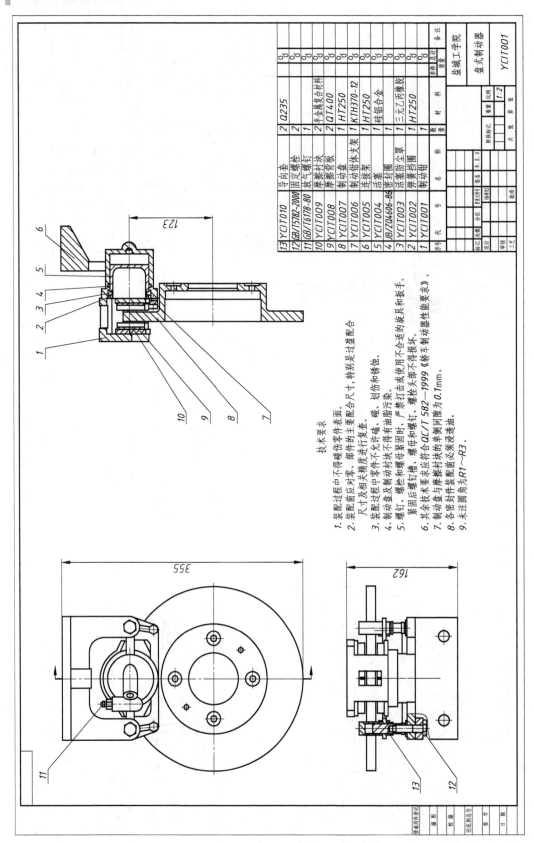

序号	代号	名 称	数量	材 料	单件	总计	备注
					重量		
13	YCIT010	导向套	2	Q235			
12	GB/T5782-2000	固定螺栓	2				
11	GB/T6178-80	放气螺钉	1				
10	YCIT009	摩擦衬块	2	半金属复合材料			
9	YCIT008	摩擦背板	2	QT400			
8	YCIT007	制动盘	2	HT250			
7	YCIT006	制动钳体支架	1	KTH370-12			
6	YCIT005	连接架	1	HT250			
5	YCIT004	活塞	1	硅铝合金			
4	JB/ZQ4606-86	密封圈	1				
3	YCIT003	活塞防尘罩	1	三元乙丙橡胶			
2	YCIT002	弹簧卡圈	1				
1	YCIT001	制动钳	1	HT250			

盐城工学院

盘式制动器

YCIT001

图10-25 盘式制动器装配图

技术要求

1. 装配过程中不得碰伤零件表面。
2. 装配前应相互对准、部件的主要配合尺寸及相关精度进行复查。
3. 装配过程中零件不允许碰、破、划伤和锈蚀。制动盘及制动衬块不得有油脂污染。
4. 螺钉、螺栓和螺母紧固时，严禁打击或使用不合适的装具和扳手。紧固后螺钉螺母、螺栓头部不得损坏。
5. 制动衬块与螺母配合的单侧间隙为0.1mm。
6. 其余技术要求应符合QC/T 582-1999《轿车制动器性能要求》。
7. 制动盘与摩擦衬块的单侧间隙为0.1mm。
8. 各密封件配前必须浸透油。
9. 未注圆角为R1~R3。

10.3 识读活塞连杆总成装配图

（1）概括了解　首先，由标题栏了解该装配体的名称，由明细栏了解组成该装配图各零件的名称、数量、材料及标准件的规格，按图上的编号了解各零件的大体装配情况。

由如图 10-26 所示的标题栏可知，该装配体的名称为"活塞连杆总成"。从明细栏可知，该装配体由 14 个零件组成，其中标准件 2 个。依据名称可以推断，该装配体的作用是将做功行程所形成的活塞上下运动变成推动曲轴的旋转运动。

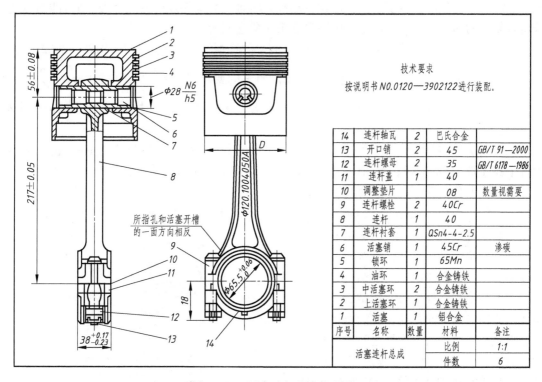

图 10-26　活塞连杆总成装配图

（2）分析视图，明确表达目的　大致了解各视图，首先找到主视图，再根据投影关系识别出其他视图的名称，找出剖视图、断面图所对应的剖切位置，识别各视图表达的意图和重点。

根据图 10-26 中的视图位置，可知该装配体表达方案中采用了主视图和左视图两个基本视图。主视图采用了局部剖视图，用来表达活塞内部结构形状、活塞、活塞销、连杆衬套和连杆的相对位置、装配关系和工作原理。左视图表达了活塞连杆总成的外形。

（3）依照序号查找零件，弄懂装配关系

1）根据装配图中的零件序号，查明细栏中所对应的序号来了解各零件的名称、数量、材料以及是否是标准件。如在图 10-26 中看到的件 2 名称为上活塞环，材料是合金铸铁，数量为 1。

2）根据零件序号、各零件剖面线方向和间距以及其他有关规定，了解各零件之间的相对位置、装配关系。从图 10-26 中可以看出件 2 上活塞环，件 3 中活塞环和件 4 油环自上而下装配在活塞上部的环槽内；件 6 活塞销两端外圆柱面与件 1 活塞的销孔相配合；件 7 连杆衬套内圆柱面与件 6 活塞销中部外圆柱面相配合；件 7 连杆衬套外圆柱面与件 8 连杆小头孔相配合；件 11 连杆盖与件 8 连杆之间有件 10 调整垫片。

3）根据标准件了解零件之间的连接方式。由图 10-26 中看出，件 11 连杆盖与件 8 连杆是用件 9 连杆螺栓、件 12 连杆螺母连接的，件 11 连杆盖与件 8 连杆的内孔中装有件 14 连杆轴瓦，件 12 连杆螺母与件 9 连杆螺栓采用件 13 开口销锁定；在活塞销的两端装有件 1 活塞。

（4）分析零件的结构形状和作用　逐一分析每个零件，弄清每个零件的结构形状和零件间的装配关系，是看懂装配图的重要任务。在图 10-26 中，由于我们已熟悉了连接件和常用件的表达方式以及连接形式，所以，不难首先把它们从图中识别出来，再将剩下为数不多的一般零件，按先简单后复杂的顺序识读出来，将看懂的零件逐个分离出去，最后集中力量分析较复杂的活塞、连杆。两个视图联系起来想象它们的形状。

（5）读技术要求，了解有关性能和要求　技术要求提出按说明书 NO. 0120—3902122 进行装配，因此装配前必须查阅该说明书，按说明书的要求进行装配。由尺寸 $\phi 28\frac{N6}{h5}$ 可知，活塞销与其孔的配合为基轴制的过渡配合，且配合要求较高，拆卸时应特别注意保护孔的表面。$38^{+0.17}_{-0.23}$、$\phi 65.5^{+0.016}_{0}$ 为重要尺寸。

（6）综合归纳想象整体　经过上述分析后，对整个装配体还不能形成完整的概念，必须把各个部分加以综合想象，按照识图的要求进行综合归纳，从而获得一个完整的装配体形象。

经过以上分析后，可以综合归纳如下：

1）活塞连杆总成的装配关系和工作原理。上活塞环、中活塞环和油环以自上而下的顺序装在活塞上部的环槽内；活塞销两端外圆柱面与活塞销孔相配合，活塞销中部外圆柱面与连杆衬套内圆柱面相结合；连杆衬套外圆柱面与连杆小头孔相结合。为了防止活塞销左右轴向移动，在活塞销的两端装有锁环。连杆盖与连杆之间有调整垫片，它们是用连杆螺栓、连杆螺母连接的，连杆盖与连杆的内孔中装有连杆轴瓦。为了防止连杆螺母松动，采用开口销锁定。

2）活塞连杆总成的拆卸顺序。先拔出开口销，拆下连杆螺母、连杆螺栓和连杆轴瓦，后用尖嘴钳夹出锁环，从活塞内打出活塞销，从连杆中打出连杆衬套。

另外，由配合尺寸可知，活塞销孔的配合要求较高，拆卸时应特别注意保护两个零件的配合表面。

3）活塞连杆总成的整体形状。想象出活塞连杆总成的整体形状，如图 10-27 所示。

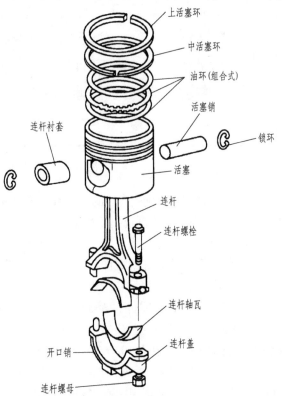

图 10-27　汽车活塞连杆总成整体形状

本 章 小 结

本章在学习了前几章的内容的基础上，以汽车零部件作为切入点，学习汽车结构的组成及常见零部件的绘制。

通过在对以上几个零部件的图形认识了解的基础上，识读它们的零件图或装配图，近距离地认识汽车零部件，提高对汽车的认知。

附　　录

扫描下方二维码，获取对应资料。

内　容	二　维　码	内　容	二　维　码
螺纹		滚动轴承	
常用的标准件		常用零件结构要素	
键、销		轴与孔的基本偏差	

参 考 文 献

[1] 胡仁喜，刘昌丽，等. 机械制图 [M]. 北京：机械工业出版社，2015.

[2] 马希青. 机械制图 [M]. 2 版. 北京：机械工业出版社，2015.

[3] 孙开元，李长娜. 机械制图新标准解读及画法示例 [M]. 3 版. 北京：化学工业出版社，2013.

[4] 魏芳，常江，杨迎新. 机械制图 [M]. 北京：中国铁道出版社，2016.

[5] 王旭华. 机械建模与工程制图 [M]. 北京：高等教育出版社，2015.

[6] 北京兆迪科技有限公司. UG NX 8.5 快速入门教程 [M]. 北京：机械工业出版社，2013.

[7] 展迪优. UG NX 8.5 机械设计教程 [M]. 北京：机械工业出版社，2013.